Kinder brauchen [Zwischen]Räume

Karlheinz Benke (Hg.)

Kinder brauchen [Zwischen]Räume

Noch ein Kopf-, Fuß- und Handbuch

Bd. 2

Bibliografische Information der Deutschen Nationalbibliothek
Die Deutsche Nationalbibliothek verzeichnet diese Publikation
in der Deutschen Nationalbibliografie; detaillierte bibliografische
Daten sind im Internet über http://dnb.d-nb.de abrufbar.

Umschlagabbildung: © VRD – Fotalia.com

ISBN 978-3-631-63435-6 (Print)
E-ISBN 978-3-653-03872-9 (E-Book)
DOI 10.3726/978-3-653-03872-9

© Peter Lang GmbH
Internationaler Verlag der Wissenschaften
Frankfurt am Main 2013
Alle Rechte vorbehalten.
Peter Lang Edition ist ein Imprint der Peter Lang GmbH.

Peter Lang – Frankfurt am Main · Bern · Bruxelles · New York ·
Oxford · Warszawa · Wien

Das Werk einschließlich aller seiner Teile ist urheberrechtlich
geschützt. Jede Verwertung außerhalb der engen Grenzen des
Urheberrechtsgesetzes ist ohne Zustimmung des Verlages
unzulässig und strafbar. Das gilt insbesondere für
Vervielfältigungen, Übersetzungen, Mikroverfilmungen und die
Einspeicherung und Verarbeitung in elektronischen Systemen.

www.peterlang.com

„Nicht um das Beste für das Kind geht es.
Nur um das Idealste!"
Karlheinz Benke

Herzlichen Dank auch mit diesem Folgeband einmal mehr meinen Kolleginnen und Kollegen für ihre Bereitschaft, so vielfältig an diesem ‚Räumeprojekt' mitzuarbeiten.

Mein tief empfundener Dank dir Harald für deine nimmermüde Ausdauer und Geduld, deine Anregungen und Unterstützungen.

Wie auch dir Susanne einmal mehr für deinen Support im Finish.

Ganz besonders aber danke ich den unzähligen Kindern und Erwachsenen, die mir über ihre (Nicht)Handlungen reichlich ‚Beobachtungs- und Arbeitsmaterial' zur Verfügung gestellt haben.

Gewidmet meinem Vater, Karl
(„Jede Zeit hat ihre Kinder!")

Großlobming, Sommer 2013

Inhalt

I. Einblick

… in noch mehr [Zwischen]Räume eintreten   11
Raumbrücken
Karlheinz Benke

II. Überblick

Wie miteinander reden?   19
Kommunikationsräume
Karlheinz Benke

Flieg, mein Kind, flieg!   39
Auch auf die Nase, aber bitte nie ganz davon!
Alternativpädagogische Räume
Sabine Mair

Räume riechen – Räume schmecken   51
Sinnesräume
Karlheinz Benke

Begeisterung und die Liebe zum Lernen: 69
Die Bedeutung von Beziehung für gelingendes Lernen
Beziehungsräume
Waltraud Engl

Schule als Flucht und Zufluchtsort oder: 81
„Gib' mir Raum, sonst nehm' ich ihn mit!"
Schulische Freiräume
Harald Schwarz

Der Weg in den Therapieraum ... 99
Raumgestaltung in der Psychotherapie für Jugendliche
Therapeutische Räume
Maamoun Chawki

Spielraum Stadt: Zur Qualität von urbanen Kinderräumen 113
Stadträume
Sabine Krones

Urbane Räume – Jugendräume? 127
'Methode Streetwork' in der Jugendarbeit
Öffentliche Räume
Milosz Jara & Verena Scharf

Beglücken statt Beglucken! 135
VerSchonräume
Birgit Benke

Auf dem Weg zum eigenen Glück 153
Glücksräume
Karlheinz Benke

III. Ausblick

Zeit geben – Zeit nehmen 175
Zeiträume
Karlheinz Benke

Anhang

Thesen: Hand(v)erlesenes zu den [Zwischen]Räumen (Bd. 2) 193

Autorinnen und Autoren 207

I. Einblick

... in noch mehr [Zwischen]Räume eintreten
Raumbrücken

Karlheinz Benke

Wie schon das erste Handbuch so richtet sich auch der Folgeband an Erwachsene in Lebens- und Erziehungs-, Studiums- und Berufsalltagen, die offen sind für die Bedeutung von [Zwischen]Räumen für die kindliche Entwicklung; die auch offen sind für die Vielfalt von ‚Raum', der Kindern die nötigen Möglichkeiten bietet, sich diesen zu erobern und sich ihn anzueignen. Damit sich dieser Prozess erfolgreich vollziehen kann, ist seitens der Erwachsenen ein ganzheitliches Verständnis von Denken und Handeln hilfreich, das das [Zwischen] nicht isoliert, sondern als Wechselbeziehung und Übergang von einem zum anderen Raum sehen kann.

Die hier geschilderten Beispiele dazu spiegeln weder ein *Entweder-Oder*, noch ein *Schwarz-Weiß*, sondern sind schlichtweg bunt – so wie unsere Welt selbst. Die eine oder andere Anregung hier könnte helfen, die Bedeutung der zahllosen, meist unbeachteten und oft auch kostenfreien ‚Raumperlen' im Kinderalltag zu erkennen. Ob sie sich nun als *Kommunikationsräume*, als *Sinnes-* oder *Beziehungsräume*, alternativpädagogische oder *schulische Freiräume*, als *therapeutische* oder *Zeiträume*, als *Glücks-* oder *VerSchonräume* bzw. als *öffentliche* oder *Stadträume* zeigen, ist sekundär.

Auch das vorliegende Werk selbstversteht sich in seiner Grundhaltung *nicht gegen* etwas, sondern *für etwas*. Es tritt ein *für* Selbstbestimmungsmöglichkeiten des Kindes im alltäglichen Handeln und sieht in geistigen und körperlichen Aktivitäten gleichermaßen die Grundlage kindlicher Lernerfahrungen bzw. Raumaneignungsprozesse. Denn wie Donata Elschenbroich so treffend festhält: „Um uns in der Welt schrittweise einquartieren zu können, sind wir darauf angewiesen, dass man sie uns zeigt."[1]

Sei es, dass es darum geht, Kindern [Zwischen]Räume anzubieten, indem man ihnen einfach nur Zeit für ein (freies) Spiel lässt (damit

---

[1] Zitiert in Salcher, Andreas (2008). Der talentierte Schüler und seine Feinde. Salzburg: Ecowin (Zitat: S. 152f).

einmal nichts dabei herausschauen muss), mit ihnen scherzt oder sprachspielt (auch wenn sonst so vieles ernst sein muss), einmal mit ihnen gemeinsam Zug fährt (auch wenn das Auto viel praktischer und schneller ist), ein fremdes Land besucht (auch wenn man selbst nicht gerne verreist) oder auch nur im Garten im Zelt übernachtet (auch wenn das als unbequem gilt), sich von oben bis unten schmutzig macht (auch wenn man das selbst niemals mochte) bzw. Kinder zum Essen einfach Salat dazu anbietet (auch wenn man ihn selbst nicht mag). Eine Liste, die sich rasch beliebig verlängern lässt.

Im Mittelpunkt sämtlicher raumgreifender Überlegungen steht einmal mehr das *selbstbestimmende Kind*, das sich über (möglichst) vielfältige Sinneswahrnehmungen seine (Um)Welt *aktiv* aneignet und so selbstbestimmt erschafft. (Eine Sichtweise, die eine sehr klar bevormundende, fremdbestimmende Haltung der Erwachsenen ebenso ausschließt wie jene von Erziehungsratgebern, die angesichts zunehmend häufiger werdender Unsicherheiten oftmals nur den Lesenden ihre intuitive Kompetenz, ihr gesundes Bauchgefühl abzusprechen scheinen.)

Es geht um jene *Selbstbestimmungskompetenz* (bei gleichzeitiger Anerkennung der Notwendigkeit von Gestaltungs- und Entscheidungsfreiräumen), die das Kind auch wirklich *in möglichst vielen Momenten* eigeninitiativ das machen lassen kann, wonach ihm der Sinn steht; was es die Welt um sich herum immer wieder neu erfinden lässt. Den dafür nötigen Möglichkeitsraum *bewusst und altersentsprechend* zur Verfügung zu stellen, ist eine der Hauptaufgaben von uns Erwachsenen. Allerdings mitsamt seinen Grenzen!

Denn selbst Handlungsspielräume und Freiheiten sollten keinesfalls frei von Führung durch die Erwachsenen sein (ein beliebter Irrglaube übrigens). Denn zweifelsfrei ist es Aufgabe der Erwachsenen, den Kindern Halt und Orientierung geben und zwar in Gestalt eines Rahmens, innerhalb dessen die Kinder so manche Entscheidungen eigenverantwortlich treffen können (und auch sollen). Fehlen diese Möglichkeiten, so werden wir *haltlose Kinder* erleben, die entgrenzt agieren und aus dem Rahmen fallen bzw. auch emotional auf sich selbst gestellt aufwachsen und wenig Empathie zeigen (können). Diesen Kindern fehlt ein Gegenüber – durchaus verstanden im Sinne eines Widerparts. Zumal jeder Widerstand, jede Reibefläche oder Orientierungsmarker dabei hilft, dass das Kind auf der Suche nach einem Gegenüber nicht sprichwörtlich ‚ins Leere' greift.

Kinder brauchen also Persönlichkeiten als *Vorbilder*, die imstande sind das Kind in den stürmischen Zeiten des Heute wie Morgen über die Wogen des Lebens zu geleiten. Sie brauchen jemanden, der selbst stark und weich zugleich sein kann, der ebenso adäquate Antworten finden wie auch schweigen kann. Jemanden, der sich selbst auch zu positionieren weiß und sich (reinen Gewissens) auch schon einmal gegen den Mainstream oder die Masse stellt (und bereits dadurch Räume zu öffnen hilft). Jemanden, der so vielfältige Personen und Persönlichkeiten in sich vereint, wie es nur fürsorgende Erwachsene tun können. Jemanden, der Kopf, Hände und Füße benützt und real bzw. (im doppelten Wortsinn) angreifbar ist. Jemanden der (im doppelten Wortsinn) berührt und als Erlebniskontrast zu virtuellen Räumen dient. Jemanden wie – Sie?

Jemand wie Sie jedoch muss gerade im turbulenten gesellschaftlichen Heute über ein stabiles Ich verfügen, das reflektiert zu handeln imstande ist und sich nicht (weder von den neuen noch alten Medien oder sonstigen Institutionen) vor sich her treiben lässt. Jemand, der die Kraft hat, nicht der Versuchung (oder Falle?) zu erliegen das Beste zu wollen, sondern einfach nur das Idealste. Der oder die dazu imstande ist, die Bedürfnisse des Kindes und nicht die des Erwachsenen zu erkennen, der mutig genug ist, die Fähigkeiten des Kindes nicht zu verklären und auch keine Angst davor hat, eben nicht ‚alles' (also: das Beste!) für das Kind getan zu haben.

Und dazu braucht es von erwachsener Seite aus zunächst einmal Zeit zur gedanklichen wie emotionsbetonten Auseinandersetzung mit sich und seinen eigenen Bedürfnissen – aber vor allem mit dem Kind selbst und seinen Bedürfnissen. Zeit, die man sich als verantwortungsbewusster Erwachsener aber auch erst einmal nehmen wollen muss. Solcherlei entschleunigte Momente können dazu animieren, die Bedeutung von Langsamkeit und der Kraft emotionaler Kompetenz (EQ) für die kindliche Entwicklung zu erkennen und diese vielleicht doch über die Forcierung der Wissensschiene (IQ), also einem bildhaftem ‚Bulimielernen', zu reihen. Dann könnte auch eine erfolgreiche Verknüpfung kindlicher Bedürfnisse mit der Förderung von Empathie sowie der Entwicklung von Beziehungsfähigkeit (zu sich selbst, der eigenen Umwelt und den Menschen dieser Welt) stattfinden. Denn wie der Linzer Psychologe Kurosch Yazdi auf der Suche des Menschen nach einem Immer-Mehr so pointiert formuliert, ist gerade diese Beziehungsfähigkeit „das Um und Auf für eine Wissensgesellschaft, und nicht möglichst viele Kinder, die mit zehn Jahren abstrakte Algebra beherrschen, um medienwirksam beim PISA-Test zu reüssieren."[2]

Gelingt diese Verknüpfung emotionaler Grundkomponenten, gelingt eine Sensibilisierung aller Sinne, dann, ja dann, wäre eine Basis für selbstbestimmte Raum- und Lernerfahrungen von Kindern gelegt. Noch nicht mehr – aber auch nicht weniger!

Einmal mehr inspirierende Stunden wünscht für das schreibende Team,

Karlheinz Benke

PS: Obwohl aus Gründen der leichteren Lesbarkeit im Text vorwiegend die rein männliche Form gewählt wurde, ist die Verwendung des so genannten ‚generischen Maskulinums' als geschlechtsunabhängig zu sehen und beinhaltet unserem Verständnis nach selbstverständlich auch stets die weibliche Form.

---

[2] Yazdi, Kurosch (2013). Junkies wie wir. Spielen, Shoppen, Intranet. Was uns und unsere Kinder süchtig macht. Wien: Edition a (Zitat: S. 195).

II. Überblick

Hundert Sprachen hat das Kind

Und es gibt Hundert doch

Ein Kind ist aus hundert gemacht,
ein Kind hat hundert Sprachen,
hundert Hände,
hundert Gedanken,
hundert Weisen zu denken,
zu spielen, zu sprechen.
Hundert, immer hundert Weisen
zu hören, zu staunen, zu lieben.
Hundert Freuden
zum Singen,
zum Verstehen.
Hundert Welten zu entdecken,
hundert Welten zu erfinden,
hundert Welten zu träumen.
Ein Kind hat hundert Sprachen,
(und noch hundert und hundert ...)
aber neunundneunzig werden ihm
geraubt.
Die Schule und die Kultur
trennen ihm den Geist vom Leib.

Man sagt ihm, es soll
ohne Hände denken,
ohne Kopf handeln,
nur hören und nicht sprechen,
ohne Freuden verstehen,
nur Ostern und Weihnachten
staunen und lieben.
Man sagt ihm, es soll
die schon bestehende Welt entdecken.
Und von hundert Welten
werden ihm neunundneunzig
geraubt.
Man sagt ihm, dass
Spiel und Arbeit,
Wirklichkeit und Fantasie,
Wissenschaft und Vorstellungskraft,
Himmel und Erde,
Vernunft und Träume Dinge sind,
die nicht zusammenpassen.
Ihm wird also gesagt,
dass es Hundert nicht gibt.
Ein Kind aber sagt:

„Und es gibt Hundert doch."

Loris Malaguzzi[1]

---

[1] Loris Malaguzzi begründete die Reggio-Pädagogik. Verfügbar unter: http://www.reggio-paedagogik.at/pdf/netzwerk_Loris_Malaguzzi.pdf

Wie miteinander reden?
Kommunikationsräume

Karlheinz Benke

Es steht außer Frage, dass sich die Kommunikation in ihren vielen Facetten allein schon durch die Nutzung der ‚Neuen Medien' (Social Media) in den letzten Jahren massiv verändert hat. Vor allem was die Möglichkeiten und die Zeit, die man von Angesicht zu Angesicht miteinander kommuniziert, anlangt. Es scheint in einem ‚Nebeneinander und nicht miteinander' zu münden.

Was jedoch unverändert blieb, sind die Grundbedürfnisse von kleinen und großen Menschen in der Kommunikation. Die Sehnsucht nach gemeinsamer Zeit und danach, verstanden zu werden. Beides scheint (zumindest quantitativ – vgl. Benke, 2005, S. 31) abzunehmen.

Auf der einen Seite verbringen wir heute viel Zeit quasi ‚nebeneinander', wenn etwa Erwachsene bereits in Gegenwart der Jüngsten mittels Handy bzw. iPhones kommunizieren. Vor allem die jüngeren Kinder sind nahezu permanent Teil der Erwachsenenwelt. Ja, sie sind – da man sich ja nicht mehr zum Ort der Kommunikation, dem Telefon, wegbewegen muss – physisch und thematisch mittendrin. Diese scheinbare Teilnahme an der Erwachsenenwelt täuscht nicht nur ein ‚Miteinander' vor, das sie nicht einlösen kann, sondern löst zugleich eine ganz wesentliche Grenze betreffend Gesprächsinhalten auf: Nämlich was für Kinderohren bestimmt ist und was nicht.

Auf der anderen Seite leben wir Erwachsene Kindern gegenüber eine verstärkt ‚distanzierte Beziehung'. Der Mangel an räumlicher (gemeinsamer Alltag auf der Straße, dem Acker etc.) und zeitlicher Nähe (von früh bis spät) hat nicht bloß fehlenden Körperkontakt und damit auch fehlende emotionale Zuwendung zur Folge (vgl. Benke, 2011a, S. 45), sondern wird durch die zunehmende ‚Virtualisierung von Kommunikation' (vgl. Benke, 2011b, S. 163ff) auch noch verstärkt. Bereits die Kleinsten verfügen heute über ihre ‚elektronische Nabelschnur' in

Gestalt eines Handys und es scheint zumindest aus diesem Blickwinkel nachvollziehbar, dass sich Wünsche nach einem Handy tatsächlich bereits auf dem Weihnachtswunschzettel mancher Dreijähriger finden.

Einfach reden ...

Wir kommunizieren digital, wir surfen, chatten, SMSen, facebooken und twittern. Wir sind längst angekommen im digitalen Zeitalter; die kommunikative Zukunft ist tägliche Realität. Nahezu pausenlos nützen wir (in unserer – oft unbewussten – Rolle als Vorbilder) die Kanäle gängiger Alltagsmedien. Inmitten des digitalen Zeitalters, eines Web 2.0, wirkt Kommunikation über ihre Dauerpräsenz ebenso selbstverständlich wie einfach. Wenige nur scheinen zu hinterfragen, welche Auswirkungen es auf unseren Alltag und den unserer Kinder hat, wenn wir in der Kommunikation zwar schon mit der ‚virtuellen Version 2.0' arbeiten, ohne aber noch die ‚reale Version 1.0' oder gar deren Grundlagen in einem hilfreichen Ausmaß verinnerlicht haben. Oft, zu oft im selben (analogen) Alltag, stoßen wir – unter uns Erwachsenen – an unsere Grenzen, aber vor allem auch im Umgang mit Kindern.

Es geht um das Reden – das ‚Miteinander Reden'. Was einfach klingt, erweist sich – wenn es drauf ankommt – als nicht mehr so einfach. Was gerade so normal klingt, ist es dann offenbar nicht mehr. Auch (miteinander) reden will gelernt sein.

Wo allerdings lernen wir, wie wir bzw. warum wir miteinander (nicht) gut kommunizieren können? Es ist wohl ein interessantes Paradoxon, dass ein Basiswissen um Kommunikation, obwohl sie die Grundlage für unsere Interaktionen darstellt, noch immer keinen selbstverständlichen Bildungsstandard im Zuge der Schullaufbahn darstellt, sondern man sich das Know-how dazu erst (später und freiwillig) in Seminaren erarbeiten wird müssen.

Was sind nun die Geheimnisse jener hilfreichen Kommunikationsräume, die sich zwischen Kindern und Erwachsenen aufspannen? Woran liegt es, wenn Kommunikation zwischen Jung und Alt bzw. Groß und Klein erfolgreich, also ‚auf Augenhöhe' verläuft und Missverständnisse die Ausnahme und nicht die Regel sind? Mit welchen Techniken gelangt man zu einem empathischen, wertschätzenden Zugang zu Kindern? Damit die Kinder von heute und morgen nicht bloß die eigene Position verstehen, sondern auch die des Gegenübers wahrnehmen, akzeptieren bzw. verstehen und ausdrücken können und so gerade im Zuge einer globalisierten Weltgesellschaft besser mit Unterschieden umgehen lernen.

Kommu-Wie-kation ... worauf es ankommt

Wie ich mit dem Kind spreche, hängt neben dem eigenen Menschenbild (autoritär, partnerschaftlich etc.) vor allem von der Situation an sich sowie der Befindlichkeit der Beteiligten ab, zwischen denen Kommunikation stattfindet. Und zwar auf verbaler wie non-verbaler Ebene.

Häufig erfährt ein an sich bereits komplexer Kontext auch noch durch ein enges Zeit-Raum-Korsett (von Erwachsenen und zunehmend auch Kindern) seine Zuspitzung, welches wiederum meist wenig Spielraum zum Verschnaufen und damit zum Reflektieren lässt. Mit dem Fazit, dass sich Kommunikation in einem ungünstigen Setting vollzieht und auf beiden Seiten das Gefühl ‚nicht verstanden zu werden' entsteht und sehr rasch die Gesprächsatmosphäre kippen lässt.

Auf der einen Seite ist das Kind unzufrieden, da es ein Nicht-Eingehen auf seine kindlichen Bedürfnisse ortet, auf der anderen Seite steht ein Erwachsener, der nicht die Kraft hat die Signale und Bedürfnisse des Kindes erkennen zu können. Nur wenn es den Erwachsenen selbst aber gut geht – so die Erkenntnisse aus der Bindungsforschung – können sie in Stress-Situationen das notwendige Bauchgefühl entwickeln, das sie für einen kindgerechten, altersadäquaten und in idealer Weise reflektierten Gesprächskanal benötigen.

Grundlegendes wäre aber schon geschehen, wenn man sich – nicht mehr, aber auch nicht weniger – einfach ‚nur' Zeit für vielfältige Interaktionen mit dem Kind nimmt, vieles nicht zwischen Tür und Angel bespricht oder noch kurz ‚irgendwann' unter dem Aspekt ‚Hauptsache es passiert!' zeitlich hinein presst. Und die gemeinsame Zeit vor allem dem Zuhören widmen, denn wie Zenon einst sinngemäß philosophierte, hat der Mensch ja deshalb zwei Ohren aber nur einen Mund, damit er mehr zuhören als reden kann.

Für diese beziehungsfördernde individuelle Zeit, die ausschließlich dem Kind gewidmet ist, bietet sich bei kleinen Kindern die ‚Zu-Bett-Geh-Zeit' an, während es bei den Größeren ein entschleunigendes

Abendessen sein kann, das am Wochenende vielleicht sogar gemeinsam zubereitet wird (siehe Benke *Räume riechen – Räume schmecken*).

Fallstricke für Erwachsene

Dem kindlichen Bedürfnis und Recht nach einer Kommunikation auf Augenhöhe stellen sich neben dieser grundlegenden Kommunikationsfalle des ‚Sich-Zeit-Nehmens' noch einige weitere entgegen – und von jenen Fallen im Gesprächsalltag ist im Folgenden die Rede.

Zu viel Kommunikation

Beobachtet man die Kommunikation mit Kindern im Alltag heute auf einer Metaebene, so kann man durchaus zu dem Schluss kommen, dass zwar sehr viel kommuniziert wird, aber zumeist oberflächlich. Manchmal scheint es, dass das Miteinander in einer kommunikativen Dauerschleife hängt, in der man voneinander abhängig ist. Man braucht sich, um sich selbst zu beschäftigen und weniger, weil man sich etwas *sagen* will. Die beliebte, gern wiederholte Phrase ‚Wie oft sage ich dir wohl noch …?' verdeutlicht sehr gut, wie rasch Sinn und Bedeutung von Worten so an Gewicht verlieren können.

Oder aber man erklärt dem Kleinkind während des Anzieh-Procedere sehr genau, was gerade in den Fernseh-Nachrichten gezeigt wird. Warum dieser Vulkan ausbricht, diese Flutwelle gekommen ist etc. Und lässt das Kind schlussendlich mit dieser Überfülle an Informationen zurück. Weniger wäre auch hier mehr – eine Reduktion im Tempo des Erzählens könnte zu einem entschleunigten Miteinander und auch einem kindgerechteren Verständnis bzw. Wissensbaustein beitragen. Denn beides mündet in weiterer Folge unmittelbar in einem wahrhaft kind-adäquaten Verhalten – also in einem Denken und Verhalten, das dem eines Kindes und nicht dem eines kleinen Erwachsenen entspricht.

Kindgerecht sprechen und übermitteln

Es gibt wohl kaum einen Satz, der die unmittelbare Wechselwirkung von Sprache, Wahrnehmung und Denken besser zusammenfassen kann, als jener von Konrad Lorenz: „Gesagt ist nicht gehört, gehört ist nicht verstanden, verstanden ist nicht einverstanden."

Diesem Verständnis dient eine kindgerechte, also dem Entwicklungsstand angepasste und *vereinfachte Sprache*, die zunächst nichts ‚verniedlicht'. Sie ist kurz und konkret gehalten und gibt dem Kind dennoch Raum zum sprichwörtlichen ‚Begreifen'. Sie forciert das bildhafte Denken bei Erklärungen (z. B. ‚Wie viel Platz brauchen 1000 Liter?') und umschreibt schwer be-greif-bare Begriffe (z. B. in einer Gefahrensituation: ‚da wird's gefährlich, da bekommt man Angst').

Mindestens ebenso wichtig ist jedoch der *kindgerechte Inhalt*, der auch ebenso *kindgerecht vermittelt* wird. Dabei ist das Kind an seinem Wissensstand abzuholen – ohne es zu über- oder unterfordern. Und sich dabei der Notwendigkeit der Abgrenzung zu reinen Erwachsenenthemen bewusst zu sein – eine nicht immer einfache Gratwanderung. Denn was hälfe es schon, wenn das Kind Vokabel dreisprachig beherrscht, die Begriffe Sektor und Transplantation in ihrer Bedeutung kennt, aber weder über einen entsprechenden Sprach- noch einen Wortwitz verfügt? Auch kommunikativ sollte also guten Gewissens der EQ vor dem IQ stehen (vgl. Benke, 2011c, S. 57ff).

Sollte sich das Kind aber inhaltlich in seiner Wortwahl bzw. im Ton ‚vergreifen' und entsprechende ‚Unworte' – oder besser: Schimpfworte – einsetzen, so weist man das Kind am besten noch unmittelbar in der Situation darauf hin, das die verwendeten Worte ‚verfehlt' oder zumindest ‚schwer unpassend' sind. Selbst wenn man Gesagtes nicht mehr ungeschehen machen kann, so lässt sich doch spielerisch (und lustvoll) demonstrieren, wie dies klingen könnte. Indem man – wie im Filmleben – einfach die ‚nicht gelungene' Szene zurückspult und so dem Kind die Chance gibt, sich selbst in seiner Wortwahl bzw. seinem Verhalten zu korrigieren.

Sich positionieren

Über jegliches Tun und Sagen werden unterschiedlichste Erwachsene zu Vorbildern, Modellen oder Kopiervorlagen der Kinder. Diese orientieren sich an deren Worten und Taten und integrieren sie als ihre Bezugspersonen. Kinder integrieren Eltern, Verwandte und Bekannte, Kindergarten- und Schulpädagogen, Ärzte, Exekutivbeamte etc. in ihr Weltbild, nebst jeglicher Rollen wie Nachbarn, Briefträger, Verkäufer usw.: Sie alle bilden Orientierungsmarken im Meer der Beliebigkeit und geben wichtige Informationen und Verhaltensanregungen an den Nachwuchs weiter.

Im Alltag Vorbild zu sein, vollzieht sich nicht nur über den visuellen Kanal, sondern auch auf dem akustischen. Neben dem Sein und dem ‚was man sagt' geht es vor allem darum, ‚wie man es sagt'. Sich dabei zu *positionieren* heißt ganz klar: sagen, was man meint und meinen, was man sagt und dazu auch stehen können. Es bedeutet in unzähligen Gesprächssituationen Verlässlichkeit zu zeigen, zu seinem Wort zu stehen und auch ein gegebenes Versprechen einzulösen.

All zu oft nur müssen Kinder im Alltag das Gegenteil erleben. Sie sehen, wie erwachsene Vorbilder ihre Ansichten mehrmals ohne entsprechend kindgerechte Erklärung wechseln. Dieses ‚einmal so – einmal so' ist Zeichen geringer Verlässlichkeit, sorgt zunächst für Verunsicherung und in weiterer Folge dafür, dass für Kinder das Vertrauen in das Wort an sich erschüttert wird. Worte, Sätze oder Gedanken haben keine Bedeutung mehr und verkommen zur Beliebigkeit. So aber ‚er-lernen' Kinder von erwachsenen Vorbildern, sich auf niemanden und nichts verlassen zu können und auch später einmal selbst nicht verlässlich sein zu brauchen. Sich eindeutig zu deklarieren ist Ausdruck von Verlässlichkeit und bedeutet von der Wankelmütigkeit abzurücken, um eine tragfähige Basis für eine vertrauensvolle Beziehung zu schaffen.

Was nämlich mag in einem Kind vorgehen, wenn es merkt, dass ein Erwachsener sein Versprechen nicht einlöst, und die angekündigte nachträgliche Geburtstagsfeier für diejenigen, die nicht zur Feier kommen konnten, einfach vergisst? Was mag es sich abschauen von einem Erwachsenen, der wiederholt eine Führung durch eine Limonadenfabrik ankündigt (damit es sehen kann, wie Limonade entsteht), doch dazu niemals einlädt? Wie muss sich das Kind fühlen und was muss es denken, wenn beide Beispiele nicht eingehalten werden? Was kann es daraus wiederum nur lernen? Dass Worte nichts zählen, dass ein Wort nichts zählt? Wem aber kann es dann noch Glauben schenken, wenn nicht den Erwachsenen? Und: Wie soll sich ein subjektives, vertrauenswürdiges Weltbild in einer Welt von Beliebigkeiten aufbauen können?

Wohl das Wichtigste in der Interaktion mit Kindern liegt also darin, über seine ‚erwachsene' Vorbildwirkung im Denken, in der Sprache und im Handeln kongruent zu bleiben.

Klar und transparent sein

Niemand wird ernsthaft bestreiten, dass es in Anbetracht der kindlichen Entwicklungsförderung Sinn macht, Kinder wissen zu lassen, was genau zum Beispiel in einer konkreten Situation passiert ist oder passieren wird. Womit die *Klarheit* gemeint ist, die man zu einem besseren Verständnis von Sachverhalten oder Informationen braucht. Wollen aber die Umstände und Hintergründe – und somit der Gesamtkontext – der jeweiligen Situation nachvollziehbar sein, so braucht es zur Klarheit auch die *Transparenz*: Dieses ‚Warum' bzw. ‚Wozu' soll dafür sorgen, dass die Information oder Ähnliches an das Kind gleichsam auf Augenhöhe wahrgenommen wird und nicht der bloßen Willkür eines mächtigeren Gegenübers ausgeliefert ist.

Ein beliebtes Beispiel, das dies illustriert, kann die Aufforderung an das Kind sein, doch „seine Jacke anzuziehen". Das Kind wird allerdings so lange wenig Einsicht in die Notwendigkeit zeigen, als man ihm die Aufforderung nur im Sinne eines „mach dies" übermittelt. Fügt man jedoch das *Zauberwort ‚weil'* hinzu, so liefert man gleichzeitig eine Erklärung mit, warum es Sinn macht, dies zu tun. So verstanden macht es ein „Zieh bitte die Jacke an, weil du dich sonst wie letztes Mal verkühlst und du dann nicht …" mit Sicherheit für die meisten Kinder annehmbarer.

Die ideale Kommunikation gibt also Halt, bleibt berechenbar und ist klar. So klar, wie vielleicht Ludwig Wittgenstein (1963, S. 7) darüber philosophierend formulierte: „Alles, was sich sagen läßt, läßt sich klar sagen. Und worüber man nicht sprechen kann, darüber muß man schweigen."

Entscheiden und Folgen aufzeigen

Entscheidungen für das Leben des Kindes zu treffen, *das* ist Aufgabe von Erwachsenen. Viele Entscheidungen im Alltag des Kindes hingegen muss das Kind selbst treffen können. Doch wo liegt da die Grenze?

Fragt man eine Dreijährige etwa, was sie im Restaurant trinken will, dann antwortet sie vielleicht: „Ein Cola." Mit der Überlassung der gänzlichen Entscheidungsfreiheit findet sich der Erwachsene plötzlich in einer für ihn selbst unangenehmen Situation, wenn er nämlich diesem Wunsch nicht nachkommen möchte: Entweder er sagt ‚Nein' und provoziert vermutlich eine Auseinandersetzung oder er billigt ihren Wunsch in dem Wissen, dass dies dem Alter des Kind nicht entsprechend ist. Da beide Positionen vielleicht wenig wünschenswert sind, wäre es zielführender gewesen, das Kind aus einer vorgegebenen Auswahl heraus entschieden zu lassen, etwa: „Magst du lieber Apfelsaft oder Saftwasser?"

Ganz ähnlich verhält es sich mit einem anderen Beispiel aus den Morgenstunden familiären Alltags, wenn man Vierjährige etwa fragt: „Was magst du heute anziehen?" Zu rechnen ist damit, dass die Antwort zu einem Streitgespräch ausartet und eine Seite nachgeben muss. Indem man auch hier mehrere Möglichkeiten zur Auswahl bereithält, wird sich auch hier niemand als Verlierer fühlen. Das Kind durfte machen, was es wollte: auswählen! Und der Erwachsenen durfte machen, was er sollte: Verantwortung übernehmen und *Vorentscheidungen* treffen. Und die Erwachsenen können in Weichen stellenden Situationen wie diesen persönliche Maßstäbe setzen und Überzeugungen vorleben. Wobei sich jene Menschen leichter tun, die innere Sicherheit ausstrahlen, zumal sich diese auf ihre Kinder überträgt.

Diese Beispiele zeigen, dass es also nicht darum geht, ein Kind nicht vor die Wahl zu stellen. Ganz im Gegenteil! Es soll gefragt werden, denn man kann ein Kind nicht zu viel fragen. Was man aber sehr wohl kann, ist die falschen Fragen zu stellen. Und: Es geht schon gar nicht darum ein Kind nichts entscheiden zu lassen. Es soll und darf jene Entscheidungen treffen, die seinem Entwicklungsstand angemessen sind und es weder über- noch unterfordern (vgl. Juul, 2012b, S. 44).

Diese Fragen zeigen aber auch, dass in dieser Situation eine *spontane* Entscheidung fällig ist und alles schnell gehen muss (was allein schon Falle genug sein kann). Doch nicht alle Situationen im Alltag fordern eine solch rasche Antwort ein. Gerade bei heiklen Themen oder im Konfliktfall ist es nämlich extrem entlastend, sich Zeit für Entscheidungen zu nehmen und einfach um *Bedenkzeit* zu bitten. Denn nur wenige, dringend scheinende Situationen erfordern von Erwachsenen auch tatsächlich eine ‚stante pede'-Lösung ein. Niemand (außer persönliches Gefühl oder eine vage moralische Verpflichtung) zwingt sie zu einer ‚Jetzt-und-sofort-Entscheidung'. Niemand zwingt sie zu Entscheidungen aus dem Bauch heraus, die sie schon wenig später als wenig hilfreich oder sinnvoll erkennen bzw. bald bereuen werden.

Vielen Erwachsenen fällt es aber schwer, in dem was sie wollen oder erwarten, sich klar auszudrücken. Etwas, was an sich schon nicht einfach ist, ist gerade in heiklen Alltagssituationen, in denen eine Entscheidung gefordert ist, doppelt schwer. Dadurch, dass sie keine Entscheidungen treffen können zeigen sie sich entscheidungsschwach (entweder weil sie dem Kind nichts versagen wollen oder ihnen einfach nach einem intensiven Arbeitstag die Kraft dazu fehlt). Solch ‚entscheidungsmüde' Eltern neigen auch dazu, bei ganz normalen Dinge im Alltag kurz vor dem Ende umzufallen oder – bildhaft gesprochen – knapp davor die ‚Biege' zu machen. Dadurch nehmen sie aber sich selbst und dem Kind die Chance, den eingeschlagenen Weg ‚bis zur letzten Konsequenz' zu Ende zu gehen. Ein solch inkonsequent-instabiles Verhalten lässt das Kind weder Stabilität noch konsequentes Handeln erfahren – und schon gar kein erwachsenes Vorbild erkennen, das Halt und Verlässlichkeit zu geben imstande ist. Ein solches Verhalten fördert lediglich die innere Zerrissenheit des Kindes – und legt den Grundstein zu einem emotional ‚zerrissenen' Kind (Benke, 2012, S. 21), das ohne das Gefühl eines Vertrauens aufwächst.

Was umgekehrt kein Freibrief dafür ist, Kinder permanent in Entscheidungen mit einzubinden und sie damit Dinge entscheiden zu lassen, die von Erwachsenen zu entscheiden sind. Denn es ist die Aufgabe von Erwachsenen für Minderjährige zu entscheiden, so wie es Aufgabe von Führungskräften ist, in einem Unternehmen Entscheidungen zu treffen. Die Kunst dabei ist allerdings, konsequent zu bleiben und zudem ein ‚Ja bzw. Nein' in seinen möglichen Konsequenzen gut zu überlegen. Oder das Kind die Konsequenzen zeitnah erfahren zu lassen, denn: Ein zeitnahes Erfahren von Konsequenzen erhöht die Akzeptanz von Entscheidungen, weil der Bezug zur Situation noch greifbar ist.

Was kann somit das Resümee sein? Kinder Entscheidungen treffen lassen: ein unbedingtes Ja! Allerdings in wohl vielen Fällen im Rahmen von Vorschlägen durch Erwachsene mit der Pflicht, auf alle möglichen Auswirkungen der Möglichkeiten zu verweisen. Dann schlüpfen sie nämlich unmittelbar in die Rolle ihrer Verantwortung. Denn ließen sie es zu, dass das Kind eine Entscheidung trifft (ohne die notwendige Kompetenz bzw. das Wissen und die Folgen darüber), so würde dies nicht nur überfordernd wirken, sondern geradewegs in die Falle der ‚kommunikativen Verpartnerung' führen. Zum einen, da es das Kind in den Rang eines (entscheidungskompetenten) Erwachsenen hebt und so sein Recht auf eine ‚begleitete Kindheit' ignoriert; zum anderen, weil es das Kind in einen emotional belastenden Zustand führt. Und es im Gefühls- und Entscheidungschaos zurücklässt.

Ermutigen und Loben

„Schön hast du das gemalt, und das war auch wirklich sehr gut. Cool, was du alles kannst. Das hast du aber auch wieder toll gemacht."
Rasch – und oft zu rasch und bedingungslos – sind Eltern und Erwachsene mit Lob zur Stelle. Womit permanentes und unbegründetes Lob auch nicht mehr seine volle und anspornende Wirkung entfalten kann und auch nur mehr selten beim Kind ankommt. Etwa wenn ein Vierjähriger etwas auf Papier kritzelt und schon zu Kandinsky hochstilisiert wird, wenn bereits die ersten Schritte auf den Schiern einen Schi-Star offenbaren oder die Teilnahme an der Kinderuni auf einen zukünftigen Doktortitel schließen lassen. All das meint *Leistungs- oder Ergebnislob*, das gefährlich ist, da es dem Kind den Eindruck vermittelt, dass es nur dann wertgeschätzt und gelobt wird, wenn es etwas leistet oder etwas gut gelungen ist. Was aber, wenn es nicht mindestens „ein genau so tolles Bild malt", nicht schon bald „noch schneller und besser Schi fährt" oder „bei den Hausaufgaben mehr Fehler" macht?
Die Angst, dann weniger geliebt zu werden, schadet dem Selbstvertrauen der Kinder nachhaltig. Erwachsene – und besonders Eltern – helfen den Kindern, indem sie darauf verzichten, Persönlichkeitszüge zu loben (Schönheit, Intelligenz, Talent etc.), die Kinder nicht selber steuern können. Ihnen hingegen *Lob für den Prozess* („da hast du dir aber viel Mühe gegeben") oder für ihre Kreativität und Ausdauer auszusprechen,

ist etwas, was Kinder für ihre Entwicklung ausreichend brauchen. Lob muss also dosiert Platz haben im Kommunikationsalltag, damit auch die Jüngsten erfahren können, dass sehr vieles im Leben nicht angeboren, sondern zu erarbeiten ist – durch harte Arbeit oder viel Übung.

Nein sagen

Sprache kann ein- oder ausschließen. Kommunikation als Steuerungsinstrument reguliert den Abstand seines eigenen kommunikativen Gartenzauns, weitet diesen aus oder schränkt ihn ein. In diesem Regulierungsprozess fällt uns zumeist ein ‚zugestehendes Ja' leichter als ein ‚ausschließendes Nein'.

‚Ja' wie ‚Nein' aber stehen gleichermaßen für Verlässlichkeit und Sicherheit, begrenzen Gefahren; beide geben Struktur und ritualisieren gleichzeitig, schließen ein und auch aus, meinen nicht Gleichgültigkeit und sind beide unabdingbar für das Miteinander. Natürlich – gerade bei den ‚Neins' hängt es davon ab, wie man diese seinem Gegenüber vermittelt. Hilfreich ist es jedenfalls, sein ‚Nein' zu begründen respektive auch zu bedauern, dass man nicht ‚Ja' sagen kann (vgl. Naumann, 2003, S. 63). Oder aber seinem Gegenüber ein ‚Teil-Nein' – verstanden als ‚jetzt bitte nicht, aber morgen gerne' – anbietet oder ein Gegenangebot macht („dies nicht, aber vielleicht das"), das die Anfrage bzw. Ablehnung leichter annehmbar macht.

Auch wenn ein ‚Nein' oftmals ein schales Gefühl auf beiden Seiten hinterlässt. Ein klares ‚Nein' in einer Antwort drückt für den Familientherapeuten Jesper Juul (2012a, S. 98) jedenfalls etwas ganz Spezielles aus:

„Denn diese Antwort erfordert Umsicht, Engagement, Ehrlichkeit und Mut. Liebe bedeutet dem Kind zu geben, was es tatsächlich benötigt, um ein schönes Leben führen zu können. Darum ist das Nein, das von den Eltern die größte Selbstüberwindung fordert, oft die liebevollste Antwort."

Ein solches ‚Nein' zeigt Grenzen auf, die nicht überschritten werden sollen und kann als gegensteuerndes schlichtes „Nein, denn ich will ..." sogar richtiggehend befreiend wirken. Aus und vorbei mit dem Konjunktiv; weg mit dem ‚Ich würde ... hätte gerne' und stattdessen ein eindeutiges, persönlich gemeintes „Ich will nicht, weil ich nicht will" (Juul, 2012a, S. 98).

Geht es nach dem Publizisten Daniel Glattauer (2005), so sind gerade wir Österreicher Weltmeister darin, ein klares ‚Nein' zu vermeiden:

Wie sagt man Nein? Und das, ohne Nein sagen zu müssen

Wichtig für den freien Willen ist es, Nein sagen zu können. Angenehm für den freien Willen ist es, Nein meinen zu dürfen, ohne Nein sagen zu müssen.
Befreiend für den freien Willen ist es, den anderen, der auf ein Ja wartet, würdevoll klar gemacht zu haben, dass er vergeblich darauf wartet. Beruhigend für den freien Willen ist es, wenn derjenige, der auf ein Nein gewartet hatte, weiß, dass er ein Nein erhalten hat, ohne dass es ausgesprochen werden musste.
In einem internationalen Wettbewerb zum Thema „Wie sage ich Nein, ohne Nein sagen zu müssen" würde Österreich gut abschneiden. Das einheimische Nein kann in nahezu beliebiger Anzahl von Buchstaben und Worten zum Ausdruck gebracht werden. Hier ein paar Prototypen.

JA. Das riskante Nein des scheinbaren Widerspruchs. Beliebt bei Kindern. (Fragender: „Hast du die Hausaufgaben schon gemacht?" Antwortender: „Ja.")
JAAA. Das ungeduldige Nein mit zeitaufschiebender Wirkung.
JA GLEICH. Das „Nicht gleich, sondern jetzt" einfordernde Nein mit zeitaufschiebender Wirkung.
JA, KÖNNEN WIR EINMAL MACHEN. Das den Willen zum Ja andeutende Nein mit großzügigem Vertröstungsfaktor. (Wird zumeist verwendet, um ein Treffen zu verhindern.)
JA, DA RUFEN WIR UNS Z'SAM. Das den Willen zu Ja andeutende Nein mit zeitlich begrenztem Vertröstungsfaktor. (Wird zumeist verwendet, um eine neuerliche Begegnung zu vermeiden.)
PRINZIPIELL GERNE. Klares Nein mit befürwortender Geste gegenüber demjenigen, der tapfer angefragt hat.
AN SICH JA. An und für sich aber – nein.
ICH WERD'S VERSUCHEN. Klares Nein mit vorgetäuschter Bemühung, das Ungewollte doch noch möglich zu machen.
ICH SCHAU, DASS ES SICH AUSGEHT. Brutales Nein mit durchschaubarer Bemühung, dass es sich nicht ausgeht.
ICH SCHAU, DASS ICH SPÄTER NACHKOMME. Wenn irgendwer ganz bestimmt nicht kommt, dann dieser hier.
ICH HAB'S IM HINTERKOPF GESPEICHERT. Und ebendort wird es in Bruchteilen von Sekunden gelöscht.
TRAG MICH EINMAL MIT FRAGEZEICHEN EIN. Sehr charmante, moderne Form der terminkalendarischen oder notebookmäßigen klaren Absage.
NEIN. Nein. Antiquiert. Wird nur selten verwendet.

Auch wenn ‚Neins' heute selten geworden sind, so sind sie notwendige Reibemittel auf dem Entwicklungsweg von Kindern. Sie brauchen sie, weil sie Halt und Orientierung geben. Die Frage ist also nicht nur ob ein ‚Nein' sein darf, sondern welchen Preis das Kind durch die ‚Verweigerung von klaren Neins' zahlen wird.

Fast sieht es so aus, als hätten die Erwachsenen ein ‚schlechtes Gewissen', wenn sie vor allem ihrem Kind ein klares Nein ‚zumuten' müssen. Und tappen dabei, anstatt den Kindern Halt und Orientierung zu bieten, gleich in zwei ‚Reflex-Fallen':

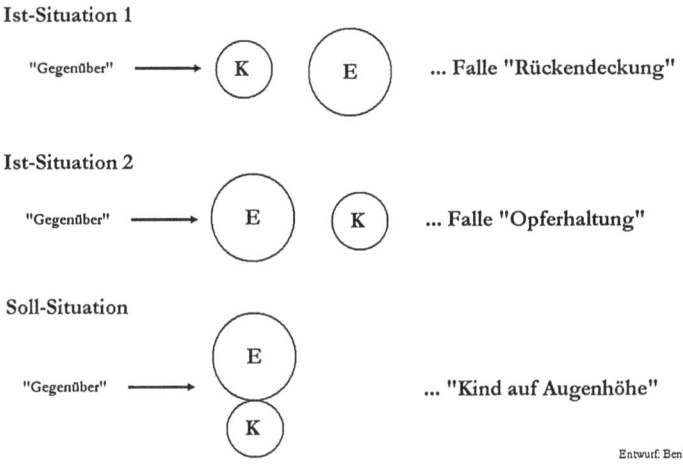

Abbildung 1: Die ‚Reflex-Fallen'

Der Erwachsene in Falle 1 nimmt dem Kind die Chance, gegenüber den Personen aus dem kindlichen Umfeld selbst aktiv aufzutreten, indem er dem Kind bedingungslose Rückendeckung gibt. Dadurch aber schiebt man dem Kind die Rolle eines Trittbrettfahrers zu, welches als eigene Persönlichkeit kaum ernst genommen wird. Frei nach dem Motto: ‚Wer nur in den Fußstapfen anderer wandelt, kann selbst keine Spuren hinterlassen'.

Der Erwachsene in Falle 2 symbolisiert die Opferhaltung, mittels derer man glaubt, Kinder verteidigen oder beschützen zu müssen. Indem man etwa das Verhalten der Kinder ungefragt und bereits vorwegnehmend entschuldigt, ohne daran zu denken, dass man ihnen damit die Chance nimmt zu lernen, selbst Stellung zu beziehen und für etwas gerade stehen zu müssen – ohne wenn und aber. Etwa wenn ein Kind in der Schule nicht wie erwartet gut abschneidet und seine Mutter dies reflexartig mit „ihr geht es heute so schlecht, weil gestern … und deswegen…" rechtfertigt.

Schließlich verdeutlicht die Soll-Situation das gemeinsame Auftreten des Erwachsenen mit dem Kind. Hierbei ist der Unterschied zwischen Groß und Klein anerkannt, ohne dabei als überbeschützend oder vernachlässigend zu wirken. Es wird dem Kind nicht mehr (aber auch nicht weniger!) als ein ‚Kommunikationsprozess auf Augenhöhe' angeboten, der Halt und Orientierung verleiht.

Haltung kommunizieren

Kommunikation als Ausdruck unseres Denkens ist auch ein Mittel, seine *innere Haltung* weiter zu geben und steht somit für ein Geben und Nehmen. ‚Was und wie' ich etwas sage, ob und wie ich Stellung beziehe bzw. auch (nicht) bei meiner Haltung bzw. Entscheidung bleibe, sind kommunikative Gradmesser der Erwachsenen-Kind-Beziehung.

Für Erwachsene scheint aber das Verteidigen eines vorgeschobenen Selbstbestimmungsrechtes („sie hat halt ihren eigenen Kopf") oft einfacher, als diesem Kind die Stirn zu bieten und die Notwendigkeiten von Anforderungen oder Abmachungen nochmals klar darzulegen respektive deren Folgen aufzuzeigen. Dies mag das folgende symbolische Beispiel einer ‚Jungschar-Spielstunde' verdeutlichen:

In der wöchentlichen Jungschar-Spielstunde haben Volksschulkinder die Möglichkeit, miteinander zu singen, spielen und einfach mit etwa Gleichaltrigen Spaß zu haben. Diese immerhin zweistündige Betreuung wird auch kostenlos angeboten. Natürlich freut man sich, wenn die Kinder dann bei Veranstaltungen im Umfeld der Kirche mit dabei sind. (Eine gewisse Nähe zu Glauben und Kirche zu entwickeln, ist auch ein Ziel dieses Angebotes.) Und sind im ersten Jahr noch fast alle Kinder bei der Dreikönigsaktion dabei, so sind es im Folgejahr nur noch wenige.

Vielleicht, weil das zu Fuß gehen zu mühsam ist, vielleicht weil der Jänner manchmal kalt sein kann. Vielleicht ist es auch schlichtweg nur beides in Kombination mit der mangelnden Bereitschaft, auch einmal etwas zu tun, was nicht unbedingt nur ‚angenehm' ist, sondern vielleicht auch einmal eines ‚kleinen Opfers' bedarf. Also auch einer inneren Haltung, nicht nur von den positiven Seiten zu nehmen sondern sie auch zu geben.

Auffallend bei dieser Aktion war jedoch, dass kaum ein Erwachsener sich der Auseinandersetzung mit dem eigenen Kind stellte um ihm zu erklären, dass jeder Einzelne mit dieser Sammelaktion ja Kinder unterstützt, denen es bei weitem nicht so gut geht wie ihnen selbst und dass sie diesen sehr einfach mit ihrer Hilfe helfen können …, dass es den anderen gegenüber unfair ist, sie im Stich zu lassen …, dass es nicht fair ist, ein Angebot in Anspruch zu nehmen aber dafür nichts zu geben … Stattdessen verteidigen Erwachsene die Nicht-Teilnahme ihrer Kinder (einmal mehr) damit, dass sie ja schon „ihren eigen Willen hätten und man da nichts mehr machen könne, wenn sie nicht wollten".

Wie einfach wäre es stattdessen zu sagen: „Wenn du schon das ganze Jahr beim Spielen mit dabei bist, dann will ich auch, dass du bei dieser Aktion mitmachst. Vor allem auch, weil es auch fair den Betreuern gegenüber wäre und du damit ja auch jemandem helfen kannst."

So simpel könnte es sein mit der Wirksamkeit von Vorbildräumen.

Unterbrechen statt abbrechen

Viele Situationen im Gesprächsalltag zeichnen sich dadurch aus, dass sie beiderseits emotional stark aufgeladen sind. In solchen Situationen werden emotionale Komponenten meistens unter- und rationale meist überschätzt. *Unterbrechungen* als Methode bewusst zu nützen, kann emotionalen Druck und Dynamik aus einem ‚heißen' Gespräch herausnehmen. Sie geben sich und dem anderen die Chance, die Gemüter ein wenig abkühlen zu lassen und sich die Zeit zum Nachdenken zu nehmen. Sie ermöglichen beiden Gesprächsseiten, *neue Denkräume* und Handlungsoptionen zu entwickeln, die aus der Enge des ersten Blickes heraus führen und sich gerade im Falle von Entscheidungen als hilfreich erweisen.

So verstanden können *Pausen* durchaus Ausdruck wahrer Anteilnahme am Kind sein, nämlich dann, wenn man die Zeit des gemeinsamen Schweigens als Chance sehen kann, zu entschleunigen bzw. sich auch wieder einmal nonverbal zu verständigen. Pausen – mehr als nur willkommene Abwechslung im ‚Familientempo' ... sozusagen als Stilmittel und persönliche Note in der Gesprächsführung.

Nicht-Sprachliches

Um Distanzen kommunikativ zu überwinden, dazu bedarf es nicht nur der Stimme. Dies geht nicht nur laut und leise, sondern vor allem noch leiser bzw. überhaupt nonverbal.

Denn lange noch bevor der Mensch das erste Wort geäußert hat, war die nonverbale Kommunikation *die* Form zwischenmenschlicher Verständigung. Und gestern wie heute ist menschliches Sozialverhalten nicht ohne Berücksichtigung des nonverbalen Systems zu verstehen, selbst wenn die Bedeutung der nicht-sprachlichen Verständigung nach wie vor unterschätzt wird.

Verständigen sich Kinder nach ihrer Geburt noch überwiegend nonverbal mit ihrer Umwelt, so verdrängt das Kind durch das Erlernen von Sprache diesen Kommunikationskanal. Es spricht fortan mit der Zunge – und nicht länger mit den Händen. *Sprechen, gestikulieren und pausieren.* Öfters einmal zurück zu den Wurzeln?

Doch gerade dieser nicht-sprachlichen Komponente bedienen wir uns im Umgang mit älteren Kindern nur noch selten. Dabei wäre dies insofern begrüßenswert, als Tempo und Lautstärke aus dem Alltag heraus genommen werden und Kinder auch gegenüber ‚Zwischentönen' sensibler werden. Ganz unbestritten können auch wortlos eine Vielzahl von Inhalten übermittelt werden, die auch nicht über die Distanz ‚gebrüllt' werden müssen. Man muss nicht laut „Komm herein" rufen, wenn etwa der Zeitpunkt zum nach Hause Kommen erreicht ist. Es reicht dazu eine Handbewegung. Man muss nicht lautstark und stärker wiederholen, damit Kinder wissen, was von ihnen erwartet wird. Dazu genügt bereits ein ‚Pssst' oder ein eindeutiger Blick, der sagt: „Es reicht!" Womit ein gänzlich anderer atmosphärischer Ton Einzug hält (vgl. Benke 2011a, S. 29 bzw. 47).

Und ein anderes Mal ist es vielleicht einfach nur ein Augenzwinkern, das quasi lächelnd als Zeichen positiver Zustimmung gesendet wird.

Auf Augenhöhe kommunizieren

„Die meisten von uns sind mit einer Sprache aufgewachsen, die uns ermuntert, andere in Schubladen zu stecken, zu vergleichen, zu fordern und Urteile auszusprechen, statt wahrzunehmen, was wir fühlen und was wir brauchen" (Rosenberg in Damm u. Weiß, 2005, S. 71). Dieses Gefühl scheint uns angesichts eines kommunikativen Alltags, in dem der Stärkere oder Redegewandtere die Nase vorne hat, abhanden gekommen zu sein. Stattdessen verstärken wir unsere Beobachtungen viel lieber mit wenig hilfreichen *Pauschalierungen* wie ‚immer', ‚nie' oder ‚jedes Mal' und tun somit dem Gegenüber häufig doppelt unrecht. Denn niemand macht ausnahmslos etwas ‚immer' oder ‚nie'.

Gewaltfrei sprechen

Eine Kommunikations- und Konfliktlösungsmethode, die viele der obenstehenden Fallen im Alltag umgeht und miteinander ‚auf Augenhöhe' reden lässt, ist die Gewaltfreie Kommunikation nach Marshall Rosenberg. Ähnlich wie im Konzept der ‚Positiven Kommunikation' (keine Beschuldigungen, keine Vorwürfe dafür nonverbale Kommunikations-Elemente wie Berührungen und Umarmungen, um leichter ins Gespräch zu kommen etc.) geht es um das Hören und Gehört werden wie um das Wahrnehmen von Gefühlen und Bedürfnissen.

Gewaltfreie Kommunikation bietet eine Möglichkeit, die asymmetrische Gesprächsposition bspw. zwischen Groß und Klein aufzuweichen und so wertschätzend in Kontakt zu kommen. Denn Gewalt beginnt da, wo jegliche Erfüllung der eigenen Bedürfnisse auf Kosten anderer geht.

In Rosenbergs ‚Sprache des Herzens' geht es vor allem darum, die Anliegen aller Parteien aufzudecken und zu berücksichtigen und nicht darum, andere dazu zu bringen, zu tun, was man selbst will. Rosenberg benennt diese Haltung bzw. Methode der verbalen Auseinandersetzung auch symbolträchtig ‚Giraffensprache', nach dem Landtier mit dem größten Herzen. Sie wirkt der ‚Wolfssprache' entgegen, die in unserem Alltag sehr präsent ist. Diese – auch lebensentfremdende – Kommunikation drückt sich vor allem im Urteil über andere Menschen, im Leugnen der Verantwortung für eigene Gefühle und Handlungen sowie im Stellen von Forderungen aus.

In seinem Gesprächsführungsmodell integriert Rosenberg stets vier Schritte, nämlich:
- die Beobachtung,
- das Gefühl,
- das Bedürfnis und
- die Bitte.

Zunächst geht es lediglich darum, zu beobachten bzw. zuzuhören, dann sein Gefühl zum Wahrgenommenen zu äußern, um schließlich zu sagen, was man selbst braucht bzw. erwartet. Schlussendlich kann über die eigenen Beobachtungen und Emotionen (und beides kann niemals ‚falsch' sein) die Bitte an sein Gegenüber gerichtet werden. Dieser Gesprächslogik folgend kann ein Gespräch aus dem Alltag mit Kindern wie folgt ablaufen:

„Wenn du die ganze Woche dein Zimmer nicht zusammen räumst, dann stimmt mich das traurig, weil ich mich ausgenutzt fühle, wenn ich es schon wieder machen muss. Deshalb bitte ich dich, es bis zum Wochenende aufzuräumen."

Was auch immer die Kennzeichen einer ‚zielführenden Kommunikation' im Einzelfall sein mögen (positiv, konstruktiv, gewaltfrei, partnerorientiert), ihre Grundlagen liegen jenseits der aufgezeigten Fallstricke mit Sicherheit
- in der Bereitschaft, miteinander zu reden, also: sich auszutauschen,
- im Interesse dem anderen gegenüber,
- in der Einigkeit des Inhalts,
- im Willen, beim Thema zu bleiben und
- im bewussten Verzicht auf Angriffe bzw. Rückgriffe und Seitenhiebe auf andere Probleme.

Ausblick

„Den größten Fehler, den man im Leben machen kann, ist, immer Angst zu haben, einen Fehler zu machen", wird Dietrich Bonhoeffer gerne zitiert. Und diese Aussage scheint auch für die Kommunikation mit Kindern zu gelten, zumal es die gegenwärtigen gesellschaftlichen Bedingungen den Erwachsenen mit Sicherheit nicht leicht(er) machen, wertschätzend bzw. zielführend mit dem Kind zu reden.

Empfehlungen von zahllosen Elternseiten, die es allesamt am besten wissen, stehen Bergen von Erziehungsratgebern gegenüber. Und nichtsdestoweniger scheint es schwierig, im Alltag die ‚passenden' Worte und den ‚richtigen Ton' zwischen ‚richtigem' Ansprechen und Bevormundungen, ja: den richtigen Gesprächszugang zum Kind überhaupt zu finden. Scheinen Körper und Kopf zu sehr beansprucht, sodass das eigene ‚gesunde Bauchgefühl' manchmal zu kurz kommen muss? Doch nicht nur *was*, sondern auch *wie* man es dem Kind sagt, es kommt ganz stark darauf an, auf das eigene Bauchgefühl zu hören. Gerade Mutter und Vater haben in der Regel – und in der stressfreien Zeit – ein gutes Gespür dafür, was Kinder wann am ehesten annehmen können. Und wohl kaum jemand kann zum Kind einen besseren ‚Draht' herstellen als die beiden: Beide wissen was ‚richtig' ist, was beiden Seiten hilft. Selbst wenn es oft einer gewissen Zeitspanne bedarf, sich darüber im Klaren zu werden. Zeit, die es für sich und das Kind zu nehmen gilt.

Was es von Erwachsenenseite her aber jedenfalls für eine *gelungene Kommunikation* braucht, ist Mut in mehrfacher Hinsicht: Mut zu Klarheit und Transparenz, Mut zum Nein und das ohne schlechtes Gewissen, Mut zur Entscheidung und diese Entscheidung selbst als Aufgabe eines Erwachsenen zu sehen sowie den Mut zum ‚Weniger ist Mehr' im kommunikativen Alltag.

Es gehören Vorbilder und Modelle dazu, die objektiv sind (und etwa aus sieben Uhr nicht neun Uhr machen), die nicht immer Recht haben wollen und auch nicht permanent nach Ausreden suchen (warum etwas nicht geklappt hat, sondern diesen Zustand einfach annehmen können). Kurzum: Es braucht Vorbilder, die sich ‚erwachsen' verhalten – und dazu gehört die innere Haltung plus das Gesagte selbst. Denn nur, wenn Sie meinen was Sie sagen und sagen, was Sie meinen (und darin auch konsequent sind) und das Kind aus dem Gesagten heraus druckfrei handeln lassen, können Kinder das tun, was Kinder tun sollen: Von positiven, erwachsenen (Kommunikations)Modellen lernen.

Literatur

Benke, Karlheinz (2012). EQ statt IQ! Die Kraft Emotionaler [Zwischen]Räume. In: KiSte 12: Ich. Du. Wir. Emotionen und soziale Beziehungen in der elementaren Bildung. Graz: Land Steiermark – Abt. 6, Bildung und Gesellschaft, S. 20-21. Verfügbar unter: http://www.verwaltung.steiermark.at/cms/dokumente/11682 860_74835169/0062ac9c/LR_FA6E_KISTE_12_v21.pdf

Benke, Karlheinz (2011a). Die vielen Kinderräume heute. In: Benke, Karlheinz, Hg.: Kinder brauchen [Zwischen]Räume. Ein Kopf-, Fuß- und Handbuch. München: Meidenbauer, S. 17-56.

Benke, Karlheinz (2011b). Die Welt als Ort: Spiel, Spaß und – Kommunikation! In: Benke, Karlheinz, Hg.: Kinder brauchen [Zwischen]Räume. Ein Kopf-, Fuß- und Handbuch. München: Meidenbauer, S. 163-193.

Benke, Karlheinz (2011c). Den Gefühlen Raum geben. In: Benke, Karlheinz, Hg.: Kinder brauchen [Zwischen]Räume. Ein Kopf-, Fuß- und Handbuch. München: Meidenbauer, S. 57-81.

Benke, Karlheinz (2005). Geographie(n) der Kinder: Von Räumen und Grenzen (in) der Postmoderne. München: Meidenbauer.

Biddulph, Steve (2001). Das Geheimnis glücklicher Kinder. München: Heyne.

Damm, Marcus, Weiß, Astrid (2005). Direktive Kommunikation. Grundlagen einer sinnvollen Verständigung. Paderborn: Junfermann.

Donovan, Denis, McIntyre, Deborah (2004). Alles klar? Wie Eltern-Kind-Gespräche besser gelingen. Weinheim: Beltz.

Dreykurs, Rudolf (2008). Kinder lernen aus den Folgen. Wie man sich Schimpfen und Strafen sparen kann. Freiburg: Herder.

Glattauer, Daniel (2005). Wie sagt man Nein? Und das, ohne Nein sagen zu müssen. In: Der Standard (Juli). Verfügbar unter: http://www.ks-komm.at/geschichtedes monats/Nein.pdf

Juul, Jesper (2012a). „Nein ist die liebevollste Antwort." Die Kunst des klugen Nein (Interview). In: Focus (H. 14), S. 98. Verfügbar unter: http://www.focus.de/ges undheit/ratgeber/psychologie/gesundepsyche/die-kunst-des-klugen-nein-nein-ist-die-liebevollste-antwort_aid_833651.html

Juul, Jesper (2012b). Ungeheurer Bildungsdruck (Interview). In: Der Spiegel (Nr. 41, 12. März), S. 44-46. Verfügbar unter: http://www.spiegel.de/spiegel/print/d-84339473.html

Naumann, Frank (2003). Die Kunst der Diplomatie. Zwanzig Gesetze für sanfte Sieger. Reinbek: Rowohlt.

Rosenberg, Marshall (2004). Das können wir klären! Wie man Konflikte friedlich und wirksam lösen kann. Paderborn: Junfermann.

Wittgenstein, Ludwig (1963). Tractatus logico-philosophicus. Logisch-philosophische Abhandlung. Frankfurt am Main: Suhrkamp.

Flieg, mein Kind, flieg!
Auch auf die Nase, aber bitte nie ganz davon!
Alternativpädagogische Räume

Sabine Mair

Auf der Suche nach neuen Wegen

Immer mehr Menschen beginnen sich für die Frage zu interessieren, wie Kinder auf eine sich ständig verändernde Welt angemessen vorbereitet werden können. Die heutige Situation an vielen Kindergärten und Schulen ist für viele Menschen alles andere als ermutigend, und so machen sie sich auf die Suche nach Alternativen.

Wir wissen heute, dass logisch lineares Denken keine Probleme löst und nicht mehr ausreicht, um in der Welt bestehen zu können, sondern dass wir auf unser vernetztes Denken angewiesen sind. Unsere Aufgabe besteht darin die Kinder auf ihrem Weg zu begleiten, damit sie sich dieses vernetzte Denken auch aneignen dürfen.

Wenn wir die Entfaltung des Kindes als Wechselwirkung zwischen natürlichen Bedürfnissen und einer ihnen entsprechenden Umgebung verstehen können, dann wird sichtbar, dass die konkrete Umgebung niemals unendlich weit, sondern durch feste und klare Grenzen bestimmt ist. Die Aufgabe des Erwachsenen besteht hierbei darin, dem Kind eine Umwelt zu ermöglichen, in der es so weit wie möglich seine Bedürfnisse befriedigen kann, dabei jedoch die Grenzen so klar wie möglich erlebt, damit wir nicht ständig eingreifen müssen. Wir müssen das innere Entwicklungsbedürfnis des Kindes wahrnehmen und respektieren und ihm Lebensbedingungen bieten, die seinem wirklichen inneren Entwicklungsplan entsprechen.

Pädagogik vom Kinde aus

In den letzten vier Jahrzehnten ist ein neu erwachtes Interesse an alternativpädagogischen Räumen für Kinder entstanden; viele Pädagogen und Eltern sind auf der Suche nach etwas ‚Neuem', nach etwas ‚Anderem'. Es geht vermehrt darum, das Kind und seine echten Entwicklungsbedürfnisse in den Vordergrund zu rücken. Die ‚Pädagogik vom Kinde aus' wird als ein allgemein gültiges pädagogisches Konzept aktueller Kindererziehung angesehen. Das Kind ist in seiner Entwicklung immer weiter, als wir es wahrnehmen können, weil es idealtypisch noch in der Lage ist, seine Bedürfnisse – begleitet von eigenen Lernreizen und individuellen Interessen – ungefiltert, ungebrochen, angstfrei und authentisch in sein Tun umzusetzen.

Diese Gedanken sind allerdings keineswegs neu. Einige historische, heute vielleicht schon verklärt gesehene, Erziehungsentwürfe entsprechen für immer mehr Menschen den notwendigen Erziehungsidealen der Gegenwart: Selbständigkeit, Selbstbestimmung, Eigenständigkeit, Verantwortung, Kooperation, Solidarität, Selbstbildung, Eigenverantwortung, eigenständiges und autonomes Lernen, entdeckendes Lernen, Bildung der Imaginationsfähigkeit, soziales Lernen, Liebe statt Leistungsdruck, Integration, Mitbestimmung, Vertrauen. Dies sind Beispiele für heutige Erziehungsziele, die den reformpädagogischen Konzepten der Vergangenheit nachgerade immanent sind!

> „Erziehung ist nicht Vorbereitung auf das Leben.
> Erziehung ist das Leben!"
> John Dewey

Eltern lehren den Kindern das Sprechen, Kinder lehren den Eltern das Schweigen

Ist Ihnen schon einmal aufgefallen, wie unbedacht wir oft davon sprechen, dass wir die Kinder auf das Leben vorbereiten? Fast so, als wäre das Hier und Jetzt nichts wert, und als sei die Vorbereitung auf das was kommen könnte, unser wichtigstes Ziel vor Augen. Wir haben die Vorbereitung im Sinn, also das Hinzielen auf andere Zwecke jenseits der Gegenwart, der belustigenden und belebenden Wirklichkeit unserer

Kinder. Wenn wir in Vorbereitungen denken, entgeht uns das Wichtigste. Uns entgeht das schlaue Funkeln in den Augen, uns entgehen die Grimassen, die hinter unserem Rücken geschnitten werden und die gar nicht böse gemeint sind, uns entgeht Trauer und Fröhlichkeit. Uns entgehen unsere Kinder!

Für Kinder ist das Lernen ein tagtäglich stattfindender Prozess – schön, spannend und aufregend. Das Kind ist ein Forscher, es will von sich aus lernen, nichts als lernen und die Welt begreifen.

„Aber Kinder ‚Lernen' ja nicht nur, sie entfalten – nicht nur ihren kleinen Geist, sondern gleichzeitig, und das übersehen wir so leicht, *die ganze Welt*. Sie ist in ihren Fingern, in ihrem feinen Tastsinn, in ihren Händen, Armen und den unaufhörlichen Bewegungen ihrer kleinen Körper – die äußere Welt nimmt im kindlichen Abbild eine ganz einzigartige Gestalt an. Jedes Kind erfindet die Welt, schafft sie neu aus seiner Fantasie" (Bergmann, 2011, S. 25).

Wie oft tun Kinder etwas, was für sie ganz wichtig ist, aus dem Blickwinkel der ‚Nichtmehrkinder' ist es aber völlig falsch, da in der Erwachsenenwelt nicht zielführend oder zweckentfremdend? Da wird beim Radfahren einfach stehen geblieben, weil die Wasserlacke und ein Holzzweig für die nächsten Minuten oder gar die nächste Stunde viel interessanter sind.

Ebenso können zwei in entgegengesetzte Richtungen fahrende Spielzeugzüge aus Kindersicht auf einem Schienenstrang ohne Ausweichmöglichkeit ganz leicht miteinander auskommen: Einer bleibt stehen und wird vom anderen Zug nach hinten geschoben.

Reformpädagogische Räume

Die unterschiedlichsten pädagogischen Ansätze sind vorrangig in Epochen entstanden, in denen sich Kritik an hergebrachten pädagogischen Alltagspraktiken mit der Neuentwicklung pädagogischer Ideen verband. Historisch gesehen können solche Epochen schon im Renaissance-Humanismus des 16. und 17. Jahrhunderts (Rabelais, Luther, Ratke, Comenius u. a.) und in der Aufklärung sowie im Philanthropismus des 18. und frühen 19. Jahrhunderts (Rousseau, Pestalozzi, Rochow, Salzmann, Campe, Humboldt, Schleiermacher, Herbart, Fröbel) gefunden werden. Im deutschsprachigen Raum waren vor allem zwei Epochen der

Pädagogikgeschichte produktiv für die Entstehung elementarpädagogischer Ansätze. Es war zwischen dem Ende des vorvorigen Jahrhunderts bis ungefähr 1938, als im Rahmen der reformpädagogischen Bewegung (engl.: progressive education) folgende Konzepte entstanden: Die Montessori-Pädagogik, die Waldorfpädagogik und die Freinet-Pädagogik.

Die zweite Epoche bezieht sich auf die 60er bis 80er Jahre des letzen Jahrhunderts, als sich zum Teil im Anschluss an reformpädagogische Ideen folgende elementarpädagogische Ansätze ausprägten: Die Reggio-Pädagogik, der Situationsansatz, der Ansatz der Waldpädagogik, der Ansatz der nicht-direktiven Erziehung von Rebeca und Mauricio Wild und die offene Kindergartenarbeit.

> „Wenn die Wurzeln tief sind, braucht man den Wind nicht zu fürchten."
> Chinesische Weisheit

Grundbedürfnisse von Kindern heute

Der Mensch hat in jedem Moment Bedürfnisse, die Aufgabe des Erwachsenen besteht darin, die tatsächlichen und echten Bedürfnisse des Kindes zu erkennen und zu befriedigen. Aber wie sehen diese tatsächlichen und echten Bedürfnisse der Kinder aus?

Kinder brauchen Wurzeln in Form stabiler Beziehungen. Kinder haben das Bedürfnis nach beständigen, liebevollen Beziehungen, nach körperlicher Unversehrtheit, nach Sicherheit und Regulation, also der Steuerung des menschlichen Handelns in Abstimmung mit Informationen aus der Umwelt. Kinder haben das Bedürfnis nach Erfahrungen, die auf individuelle Unterschiede und nach entwicklungsgerechten Erfahrungen zugeschnitten sind. Kinder haben das Bedürfnis nach Grenzen und Strukturen, nach stabilen, unterstützenden Gemeinschaften und nach kultureller Kontinuität.

Wir können die Individualität des Kindes als erzieherische Herausforderung sehen. Kinder wollen handeln, sie wollen Erfahrungen sammeln und reflektieren, sie wollen Alternativen entwickeln und daraus wählen, sie wollen erproben und reflektieren, sie wollen staunen, begreifen und lernen. Der wichtigste Prozess in der Entwicklung eines Kindes ist das Begreifen der Welt. Das Erobern und Entdecken der Umwelt (etwa das kindliche Be-greifen einer Blume: wie sie riecht, wie sie sich anfühlt, der Unterschied zwischen Blüte und Stängel, die Farben, der Größenunterschied zwischen mir und der Blume). Wie vielfältige Lernmöglichkeiten eröffnen sich dem Kind während solcher Prozesse, und dies passiert ganz von selbst! Oftmals stören wir Kinder beim Begreifen der Welt um sie zu fördern. Zumeist mit Inhalten, die außerhalb der kindlichen Realität liegen, also völlig abstrakt sind. Es geht nicht darum mit Kindern einen Ausflug in den Zoo zu machen, um exotische Tiere kennen zu lernen, wenn das Kind auf dem Weg dorthin keine Käfer beobachten oder Steine, Kastanien usw. sammeln darf.

Freiheit und Entfaltung bedeutet für Kinder auch matschen, bauen, formen, graben, schauen, balancieren, klettern, rutschen, hören, beobachten, lauschen, riechen, kneten, hüpfen, staunen, schleichen, springen, rennen, genießen, lachen und auch mal weinen, konstruieren, ausprobieren – vielleicht auch die Geduld verlieren, erzählen, fantasieren, sich verstecken oder sich einmal weh tun dürfen.

Kinder brauchen keine künstlichen Welten, Kinder wollen an unserer Welt teilhaben und wollen ‚dabei' sein. Kinder sammeln Erfahrungen und Eindrücke beim gemeinsamen Einkaufen, beim Kochen zu Hause, beim Ein- und Ausräumen der Geschirrspül- oder Waschmaschine.

Kinder müssen die Möglichkeit haben, selbst ihre Grenzen und Entwicklungsschritte deutlich spüren und erfahren zu können. Sie brauchen Möglichkeiten ihre eigenen Fähigkeiten einzuschätzen und weiterzuentwickeln. Kinder müssen wieder Stille erleben können. Stille ist in der heutigen Zeit oftmals ungewohnt. Sie ist jedoch von unschätzbarem Wert, beispielsweise für die Differenzierung des Wahrnehmungsvermögens, das Finden von Stabilität durch innere Ruhe und die Konzentrationsfähigkeit.

Unmittelbares Erleben und eigene Erfahrungen mit allen Sinnen anstelle von ‚Projektionen aus zweiter Hand' geben dem Kind Selbstwertgefühl und insbesondere emotionale Stabilität. Dies sind die besten Voraussetzungen um später in der Gesellschaft konstruktiv und kreativ sein zu können.

Der Umgang einer erwachsenen Bezugsperson mit dem Kind sollte von Achtung, Respekt und Liebe getragen sein. Was viele Erwachsene heute jedoch allzu häufig vergessen, ist die Tatsache, dass die Beziehung zum Kind niemals symmetrisch, also gleichberechtigt sein kann. Bezugspersonen, die Kinder permanent fragen, was sie tun wollen, ohne mit eigenen Vorstellungen auf den Plan zu treten, bringen sie in eine Situation, die sie völlig überfordert. Das Kind kann keine Entscheidungen über Dinge treffen, die es möglicherweise noch gar nicht kennt! Wichtig allerdings ist, mit dem Kind im Dialog zu bleiben, wie es mit den Ideen und Angeboten der Erwachsenen zurechtkommt. Man kann Kinder aber auch nur dann Freiheit geben, wenn man auch die Kunst beherrscht, sie gegebenenfalls in die Schranken zu weisen.

Verbringen Sie Zeit mit dem Kind, zeigen Sie ihm die Welt, beantworten Sie seine Fragen dann, wenn es darum bittet, und seien Sie selbst neugierig. Vertrauen Sie auf Ihr Kind und auf seine Entwicklung und verlieren Sie nie den liebevollen Blick.

Gute Eltern oder Pädagogen müssen sich nicht anstrengen, sie müssen nicht perfekt sein, sie müssen einfach nur wahrhaftig und präsent sein und dazu bereit sein, von den Kindern tagtäglich zu lernen und versuchen, die Welt aus den Augen des Kindes zu sehen.

Rebeca Wild vergleicht die Rolle des Erwachsenen mit einem Flugplatz. Der Flugplatz ist immer da, er hält alles bereit, was die Flugzeuge zum Fliegen brauchen (Treibstoff, Mechanikerdienste, Radar, Flugkarten, Proviant usw.). Das Kind ist der Pilot und muss lernen, sein Flugzeug auf eigene Verantwortung zu steuern. Versäumt der Bodendienst irgendein Detail, kann er damit Flugzeug und Pilot in Gefahr bringen. Der Pilot mag vielleicht noch ein Neuling sein, er muss noch viele Probeflüge machen, bevor er verantwortlich ist. Aber der Flugplatz greift nicht ein, um ihm beim Steuern zu helfen. Seine Aufgabe besteht darin, einfach da zu sein, immer bereit und voll ausgerüstet. Er wartet bis Zeit zum Abfliegen und Landen ist. Ist seine Landebahn lang genug, beim Abheben und Landen gefährliche Manöver zu vermeiden? Ist er in der Lage Notmaßnahmen zu ergreifen, wenn das Wetter schlecht ist, die Maschine einen Schaden hat oder der Pilot eine Dummheit begeht? Ist die Feuerwehr ausfahrbereit, wenn es brennt? Denn ein Flugplatz leistet seine Dienste, ohne mit Erklärungen oder Vorwürfen Zeit zu verlieren. Er tut einfach alles, um höchste Sicherheit zu gewährleisten (vgl. Wild, 1995, S. 62).

Verantwortung über das Flugzeug trägt der Pilot. Unsere Aufgabe besteht darin, dem Kind diese Verantwortung Stück für Stück zu übertragen, in dem Maße wie es für das Kind bewältigbar ist, damit langsam aber stetig seine Eigenverantwortlichkeit wachsen kann und es in der Welt bestehen kann.

„Es ist nicht zu wenig Zeit, die wir haben,
sondern es ist zu viel Zeit, die wir nicht nutzen."
Lucius Annaeus Seneca

Aus dem Alltag eines Kindes

Der Tag eines Kindes kann auf vielfältige Weise beginnen: Einerseits kann das bedeuten im eigenen Bett wach zu werden, sich zu strecken, zu gähnen, zu wälzen, dann ins Bett der Eltern zu wandern, gemeinsames Kuscheln, Geschichten erzählen, etwas über den kommenden Tag erzählen, darüber sprechen wie man geschlafen hat, was man geträumt hat und was man sich für den kommenden Tag wünscht.

Oder andererseits kann der Tag damit beginnen unsanft aus dem Schlaf gerissen zu werden, sprich geweckt zu werden, schnell und ohne Beteiligung angezogen zu werden, Frühstück vor dem Fernseher, damit die Eltern sich in Ruhe fertig machen können, getrieben werden und in Eile aufbrechen.

Wenn man von der Annahme ausgeht, dass Kinder in erster Linie Zeit für sich und echte Aufmerksamkeit der erwachsenen Bezugspersonen benötigen um ein aufrichtiges und wertvolles Ich entwickeln zu können, würde ein idealer Morgen aus den Augen eines Kindes möglicherweise so aussehen: ausreichend Zeit bekommen um munter werden zu können, Zeit haben zum Kuscheln, Zeit haben zum (gemeinsamen) Spielen, Zeit haben um sich in Ruhe alleine anzuziehen, Zeit haben um in Ruhe gemeinsam zu frühstücken, Zeit haben zum Plaudern, Zeit haben zum Lachen, Zeit zu haben um sich auf den kommenden Tag einzustimmen und Zeit haben um sich gemeinsam auf den Weg zu machen. Nur wenn das Kind diese Zeit und Aufmerksamkeit (siehe Benke *Zeit geben – Zeit nehmen*) von uns ausreichend zur Verfügung gestellt bekommt, kann es Eigenverantwortung, Selbstbewusstsein und Vertrauen in sich selbst und seine Umwelt aufbauen.

Auch für das Ankommen in Kindergarten oder Schule braucht das Kind Zeit, je jünger desto mehr! Das Kind braucht Zeit zum An- und Ausziehen, Zeit sich von den Eltern zu verabschieden, Zeit zum Ankommen in der Gruppe, Zeit mit der erwachsenen Bezugsperson, Zeit mit anderen Kindern, Zeit Entscheidungen zu treffen, Zeit wahrgenommen werden zu können und wahrzunehmen. Wie geht es nun wohl Kindern, die punkt acht Uhr in zweiter Spur vor der Schule aus dem

Auto ‚rausgeschmissen werden' und ihren ‚Arbeitstag' so beginnen müssen.

Welcher Erwachsene wünscht sich so einen Start in einen anstrengenden Tag, und das möglicherweise sogar täglich und selbstverständlich? Kinder, die im Kindergarten regelmäßig mitten während des Tages oder während des Morgenkreises in die Gruppe hineingeschubst werden, haben keine Zeit und Möglichkeit sich in Ruhe einzufinden und ihren Platz in der Gruppe einnehmen zu können, sie haben keine Möglichkeit sich zu orientieren. Sie sind plötzlich da und müssen sich schnellstmöglich an die vorhandene Situation anpassen. Wir müssen dafür sorgen, dass das Kind klare Strukturen und Rituale zur Verfügung hat und wir müssen dem Kind die Wurzeln in Form stabiler Beziehungen bieten.

Und wie sieht dann so ein ‚Arbeitstag' des Kindes aus? Wie viel Platz bleibt dem Kind wirklich sich in Ruhe damit zu beschäftigen, wofür es sich entschieden hat, wie viel Zeit bleibt dem Kind das zu tun, was seinem echten Entwicklungsbedürfnis entspricht? Kann ein Kindergartenkind dann draußen spielen, wenn es Lust dazu hat, oder muss das Kind dann in den Park gehen, wenn beschlossen wird, dass alle nun hinausgehen müssen? Kann das Kind seine Jause essen wenn es Hunger hat, oder erst dann wenn diese Phase im Tagesablauf für alle vorgesehen ist? Darf das Kind zur Toilette gehen wenn es den Drang verspürt oder muss das Kind dann zur Toilette gehen wenn alle Kinder gehen müssen? Unsere Aufgabe besteht vor allem darin, dem Kind eine Umgebung, in der eigenständiges und autonomes Lernen vom Erwachsenen erwünscht ist und auch ermöglicht wird, zur Verfügung zu stellen.

Hat das Kind während seines Tages in der fremdbetreuten Zeit Möglichkeiten zum Rückzug, Möglichkeit zum Ausruhen, Möglichkeit alleine zu sein oder auch einmal Möglichkeit unbeobachtet zu sein? Erwachsenen ist oft nicht klar, dass viele Kinder weit über acht Stunden fremdbetreut verbringen und dies von der Anstrengung und Intensität einem Arbeitstag eines Erwachsenen gleichzusetzen ist. Wir Erwachsenen sind geschützt durch das Arbeitsschutzgesetz, uns steht gesetzlich verankert nach sechs Arbeitsstunden eine Pause zu. Und wie sieht das mit den Kindern aus? Wie sehen die echten Pausen eines Kindes während eines fremdbetreuten Tages aus?

Wie viele Möglichkeiten hat ein Kind während seines ‚Arbeitstages' zur Selbstbestimmung, zur Eigenständigkeit, Verantwortung zu übernehmen, zu kooperieren, zum eigenständigen und autonomen Lernen,

Liebe statt Leistungsdruck zu erleben, Vertrauen zu generieren, zu fantasieren? Sieht der Alltag vieler Kinder nicht meist so aus, dass alles schnell gehen muss, alles effizient sein muss und wenig Platz für Individualität und individuelle Bedürfnisse vorhanden ist?

Außerdem wollen wir die Kinder oftmals vor allem was kommen kann bewahren, die Forschung spricht inzwischen auch bereits von der Überbehütung der Kinder. Wir dürfen das Kind nicht überfordern, aber wir müssen es angemessen fordern (siehe Benke *Beglücken statt Beglucken*). Wer nie etwas schaffen muss, kann später einmal schlecht mit Schwierigkeiten oder Hindernissen, die das Leben unweigerlich mit sich bringt, umgehen. Wem nichts zugetraut wird, dem wird jegliches Erfolgserlebnis genommen. Kinder brauchen die Möglichkeit eigene Erfahrungen und Entdeckungen machen zu können. Ansonsten besteht die Gefahr, dass sie sich später kaum etwas zutrauen und immer an sich selbst zweifeln. Jedes Kind braucht ständig neue und wachsende Herausforderungen. Kinder leben im Hier und Jetzt und erwerben in ihren ersten Lebensjahren Schlüsselqualifikationen: motorische, emotionale, kognitive und soziale Kompetenzen.

Umgekehrt ist es der kindlichen Entwicklung aber auch nicht förderlich, wenn wir das Kind zu Dingen zwingen, zu denen es noch nicht bereit ist. Die Ursachen dafür können vielfältige Gründe haben und jedes Kind hat sein eigenes Tempo und seine eigenen Stärken.

Ist das Kind aktiv in seinen Alltag eingebunden, kann es bei alltäglichen Aktivitäten (bspw. die Jause herrichten, Mittagessen kochen, seine eigenen Kleider versorgen) kooperieren? Wird einem Kind in Ruhe und mit Aufmerksamkeit gezeigt, wie man seine Hände wäscht, damit sie anschließend wirklich sauber sind oder vielleicht wie man seinen Essplatz nach Jause oder Mittagessen wieder in Ordnung bringt? Wird ein Kind angeleitet, wie es selbst wieder Ordnung machen kann, falls es ein Glas Wasser umgestoßen hat oder wird es von uns einfach nur gemaßregelt, ermahnt oder gar bestraft?

Ist der ‚Arbeitstag' des Kindes dann zu Ende und die Eltern kommen selbst müde und erledigt zum Abholen, wird nach Hause gehastet und auf dem Weg möglicherweise noch schnell eingekauft. Bleibt zu Hause dann noch Zeit um Hausaufgaben in Ruhe und in entspannter Atmosphäre zu erledigen, um gemeinsam zu kochen, den Tisch gemeinsam schön zu decken, gemeinsam zu essen, gemeinsam etwas zu spielen, gemeinsam über den Tag zu sprechen, gemeinsam zu reflektieren was für mich heute gut und was nicht gut war, darüber zu sprechen was mir heute besonders Spaß gemacht hat und was möglicherweise gar nicht? Bleibt dann noch Zeit und Ruhe für ein gemeinsames Abend- bzw. Einschlafritual (ohne diese Zeit vor dem Fernseher zu verbringen) für alle Beteiligten? Erlebt das Kind auch, dass die Eltern am Abend noch einige Stunden für sich als Paar verbringen, und dass auch den Eltern diese intime Zeit zusteht?

Maria Montessori meinte, dass die Freiheit der Kinder als Grenze die Gemeinschaft hat, denn Freiheit bedeutet aus ihrer Sicht nicht, dass man tut was man will, sondern Meister seiner selbst zu sein.

Besonders junge Kinder verbringen oft viel Zeit des Tages in weiblicher Betreuung (Mutter, Kindergartenpädagogin, Volksschullehrerin). Männer spielen jedoch zumeist ganz anders, lassen tendenziell mehr Wagnis, Abenteuer, Dreck und Wildheit zu. Es wäre wichtig, dass Väter so viel Spielzeit wie möglich mit ihren Kindern verbringen, und dass die Mütter dies auch zulassen!

Es sind die kleinen Dinge im Alltag, die für die Entwicklung und für das Wohlbefinden des Kindes wesentlich sind. Wie bereits gesagt, Kinder brauchen keine perfekten Erwachsenen. Kinder brauchen erwachsene Bezugspersonen, die wahrhaftig und präsent sind und die versuchen, die Welt aus den Augen des Kindes zu sehen. Kinder brauchen Erwachsene, die sie mit ihren Ängsten, Nöten und Bedürfnissen wahr- und ernst nehmen. Und Kinder brauchen Erwachsene, die sich Zeit nehmen aber auch Zeit geben, damit sie zu selbstbewussten, eigenständigen und verantwortungsbewussten Erwachsenen reifen können.

Literatur

Bauer, Joachim (2008). Lob der Schule. Sieben Perspektiven für Schüler, Lehrer und Eltern. München: Heyne.

Bergmann, Wolfgang (2011). Lasst eure Kinder in Ruhe! Gegen den Förderwahn in der Erziehung. München: Kösel.

Brazelton, T. Berry, Greenspan, Stanley I. (2002). Die sieben Grundbedürfnisse von Kindern. Weinheim-Basel: Beltz.

Eichelberger, Harald (1997). Lebendige Reformpädagogik. Innsbruck-Wien: Studien.
Elschenbroich, Donata (2002). Weltwissen der Siebenjährigen. Wie Kinder die Welt entdecken können. München: Goldmann.
Grey, John (2010). Kinder sind vom Himmel. München: Goldmann.
Juul, Jesper (2012). Vier Werte, die Kinder ein Leben lang tragen. München: Gräfe & Unzer.
Juul, Jesper (2010). Dein kompetentes Kind. Auf dem Weg zu einer neuen Wertgrundlage für die ganze Familie. Reinbek: Rowohlt.
Lago, Remo H. (2000). Kinderjahre. Die Individualität des Kindes als erzieherische Herausforderung. München: Piper.
Sedmak, Clemens (2012). Geglücktes Leben. Was ich meinen Kindern ans Herz legen will. Freiburg im Breisgau: Herder.
Wild, Rebeca (1998). Kinder wissen was sie brauchen. Freiburg im Breisgau: Herder.
Wild, Rebeca. (1995). Sein zum Erziehen. Mit Kindern leben lernen. Freiamt im Schwarzwald: Arbor.
Wild, Rebeca (1992). Erziehung zum Sein. Erfahrungsbericht einer aktiven Schule. Heidelberg: Arbor.

Räume riechen – Räume schmecken
Sinnesräume

Karlheinz Benke

Räume viel-sinnig wahrnehmen

Selbst wenn bekannt ist, dass der visuelle Wahrnehmungssinn bei den meisten Kindern der primäre ist, so ist gerade das Ensemble der Sinneswahrnehmungen für die kindliche Aneignung von Räumen (siehe auch Krones *Spielraum Stadt*), deren Weltsicht wie für ihre empathische Kompetenz von Bedeutung. Selbst wenn außer Frage steht, dass Bewegung an sich nicht nur wichtig und gesund ist, sich damit die kindliche Wahrnehmungsperspektive auf das Umfeld schärft und genau dadurch auch den kinästhetischen Erfahrungsschatz anreichert, wird umgekehrt der Kinderalltag statischer und virtualisierter.

Sind die Zeiten wirklich verschwunden, in denen man noch barfuß eine Runde durch das Dorf oder über die Wiese ging? Oder ist es vielmehr mangelnde Fantasie seitens der erlaubenden Erwachsenen, die solch ein Erlebnis den Kindern vorenthält? Oder ist es nicht sofort auch die Sorge der Erwachsenen, dass das Kind ja durchaus auf eine Biene treten und gestochen werden könnte?

Mit allen Sinnen Lebenserfahrungen zu sammeln und sich seine Umwelt zu erobern, das aber heißt sich fühlend und tastend zu bewegen. Und sich in weiterer Folge riechend[1] und schmeckend ‚seine' Räume anzueignen – und das von Kindesbeinen an.

---

[1] Der Geruch ist die einzige Wahrnehmungsart, die ungefiltert ins Großhirn gelangt. Nämlich genau in unmittelbare Nähe wichtiger Gedächtniszentren, womit auch die ‚Überlebensdauer' von Gerüchen erklärbar ist. (Es ist somit kein neurologisch-räumlicher Zufall, wenn viele private Kindheitserinnerungen an Gerüche bzw. Geschmäcker gekoppelt sind.)

Sinn-liche Raumerfahrungen der anderen Art

Wann immer ich an meine eigene Kindheit zurückdenke, bin ich in der glückliche Lage, mich an eine voller Geborgenheit und Glück, jenseits von Angst erinnern zu dürfen. Ein Gefühl, das mich sicher dabei unterstützte, mir meine individuellen Räume auf viel-sinn-igste Art und Weise erschaffen bzw. sie nutzen zu können. Und wann immer ich mich an Räume erinnere, erinnere ich mich an deren Düfte: An den nahen Wald, der ein idealer Ort für unser nahezu alltägliches Kinderspiel war; an Räume, die als Greißlerei oder Fleischerei mit faszinierenden Gerüchen für einen Jugendlichen aufwarteten; an (Kultur)Räume, die ich essend rezipierte, weil mir deren (nicht alltägliche) Zutaten entweder schmeckten oder mich ‚neu-gierig' auf mehr machten – und vielleicht auch schon einmal irritierten. Mehr über den Duft oder Geschmack wissen zu wollen, hieß zu hinterfragen, wie das Gewürz wohl aussieht und wächst, wie es in dem Land aussehen mag, wie die Menschen dort leben und sich ihre Sprache wohl anhört etc.

Aber so weit mussten wir Kinder (gedanklich) meist gar nicht gehen. Es reichte oft schon, dem Duft aus Mutters Küche zu folgen, wo noch täglich der Kochtopf klapperte oder nicht nur an Fest- und Feiertagen selbst gebackene Kekse und Kuchen einen intensiven, Gewürz schwangeren Duft verbreiteten. Ich erinnere mich aber auch an jenen Geruch – einer Mischung aus Suppenküche und verbrauchter Luft – der uns Kinder umgab, als wir Großonkel und -tanten in ihrem Altenheim besuchten. Oder an das kleine Geschäft in einer Kärntner Straße, das im Herbst steirische Eierschwammerl verkaufte und deren Duft sich dort mit dem Geruch des öligen Holzbodens vermischte (vgl. Benke, 2005, S. 158). Oder, oder, oder ...

Es sind zwar nur Erinnerungen, aber diese sind (gerade über ihre Intensität) ganz offensichtlich an unterschiedliche Sinneswahrnehmungen gekoppelt: an das Gesehene, Gehörte, Gefühlte aber auch Gerochene oder Geschmeckte. Über die Sinne erschließen wir nicht bloß die Räume selbst, sondern vor allem deren individuelle Bedeutung für uns: Wir lernen, was uns schmeckt oder was wir ‚riechen' respektive goutieren können. Ändert sich allerdings unsere sinnliche Wahrnehmung, dann ändert sich somit auch unsere Beziehung zum jeweiligen (konstruierten) Raum – und das tut sie mehrmals in unserem Leben.

(Kindlicher) Geschmack ändert sich

Über Geschmäcker lässt sich bekanntlich streiten, über die Tatsache, dass jeder Mensch in seinem Leben rund 85.000 Mahlzeiten zu sich nimmt, wohl kaum.

Interessant scheint jedoch zu sein, dass sich im Laufe der Evolution an den ‚Grunddispositionen' unseres Geschmacks – trotz eines vervielfachten Angebots an Nahrungsmitteln – nur wenig geändert hat. Denn jene geschmacklichen Vorlieben (süß, salzig) bzw. Abneigungen (bitter), die uns angeboren sind, sichern uns seit unserer Zeit als Jäger und Sammler unser Überleben. Aber auch die Kinder heute greifen stärker als Erwachsene auf diese abgespeicherte, genetische Information zurück (wenngleich sie im Gegensatz zu den Erwachsenen noch wenige Geschmacksinformationen gespeichert haben). Was zumindest aus Sicht der Vererbung ihre Vorliebe für Süßes oder Salziges erklären würde.

Doch der menschliche Geschmack ist nicht nur vererbt, sondern zu einem großen Teil über ein Vergleichslernen antrainiert. Sämtliche Wahrnehmungen werden in einem sogenannten ‚Referenzarchiv' in jedem Kind angelegt und bilden den Grundstein für die individuelle ‚gustatorische Raumeroberung'. Doch bereits lange vor seinen ersten Lebenstagen schafft sich das Kind seine ‚Geschmackslandkarte', die in weiterer Folge seinen Geschmack prägt – und zwar über die Nahrung der Mutter. Sie ist also für seine angelegten, individuellen Geschmacksvorlieben schon lange vor jener Zeit verantwortlich, die man ‚auf den Gusto kommen' nennt. Wie schnell dies passiert und welche Geschmacksarten darin dominieren, ist von der jeweiligen Ernährung der Mutter abhängig, die wiederum den Geschmack des Fruchtwassers beeinflusst: Isst die Mutter Erdbeeren, so schmeckt das Ungeborene auch Erdbeeren und der Geschmack der Mutter überträgt sich auf den des Embryos selbst. Über die Muttermilch bleibt das Kind nach der Geburt dem Geschmack seiner Mutter verbunden und ist abhängig davon, was die Mutter zu sich nimmt. Isst etwa die Mutter nach der Geburt gerne und viele Äpfel, so ist die Wahrscheinlichkeit, dass das Kind später auch Äpfel mag, eine hohe. Kurz gefasst: Was Mama schmeckt, wird auch dem Un- oder Neugeborenen schmecken.

Erstmals im Kleinkindalter aber ändern sich die persönlichen Vorlieben in der Auswahl der Speisen und neben dem Angebot spielen auch zusehends die Werbung sowie die Vorbildhaltung von Erwachsenen und

Gleichaltrigen eine Rolle. Mögen Erwachsene etwa keine Oliven, so werden diese erst gar nicht eingekauft. Damit aber wirkt hier weniger eine ‚sensorische Aversion', als vielmehr schlichter, angelernter Ekel. Wovor uns ekelt, ist also erlernt; was einem nicht schmeckt, mag man nicht!

Isst etwa ein Kind gerne frische Tomaten (Bio oder aus dem Garten), so speichert sein Gehirn ab, wie eine Tomate schmeckt. Die Tomate als Geschmacksbild ist für die Zukunft vertraut und kann dadurch verstärkt erwünscht sein. Isst hingegen ein Kind häufig Ketchup, so wird es mit Tomatengeschmack den Geschmack von Ketchup assoziieren, wird dieser ihm vertrauter sein und damit zugleich die Chance schwinden, stattdessen etwas ‚Tomatiges' zu essen.

Geschmack wird also zu einem großen Teil erlernt und Geschmäcker, die Kinder häufig schmecken, bevorzugen sie in ähnlichen Situationen. Vor allem von den Vorbildern Erwachsener lernen Kinder in den ersten Lebensjahren, denn sie bestimmen, was auf den Tisch kommt. Sie entscheiden über die Auswahl (und was sie selbst essen) darüber, was das Kind an Geschmackserfahrungen kennen – und dadurch mögen lernen ‚darf' – und was sie ihm umgekehrt auch vorenthalten! Wobei sich die Abneigungen der Eltern sogar noch viel leichter auf die Kinder übertragen, als geschmackliche Vorlieben und man ruhigen Gewissens behaupten kann: Heikle Mütter (und Väter) haben mit hoher Wahrscheinlichkeit auch heikle Kinder. Und damit auch mehr Verantwortung, bewusstes Vorbild zu sein.

Das Positive an der Geschmacksentwicklung ist jedoch, dass sie nichts Statisches ist, sondern sich entwickelt. Dabei spielt vor allem der Faktor ‚Gewohnheit' eine entscheidende Rolle, denn: Was oft gegessen wird, wird auch gerne gegessen. Mit dem dazugehörigen Fachbegriff ‚Mere-Exposure-Effekt' schließt sich auch schon der Kreis zur Vorbildwirkung, denn natürlich können auch die Eltern selbst ihre Geschmacksgewohnheiten auf diese Weise verändern. Schmeckt ihnen etwa das gesunde Vollkornbrot beim ersten Versuch nicht, so lohnt es, öfter davon zu kosten und es selbst auch zu essen.

Guter Geschmack ist stets ein bekannter Geschmack! Und dass auch kulinarisch die Macht der Gewohnheit siegt, belegen Studien. So etwa bedarf es zwischen zehn bis zwanzig Verkostungen, damit die Versuchspersonen beginnen, ein Produkt das ihnen beim ersten Mal nicht geschmeckt hat, doch zu mögen (vgl. EUFIC, 2010 bzw. Kirchmaier, o. J.).

Geschmack ist also vor allem auch eine Sache der Übung. Doch in der Regel gibt man bereits nach wenigen Versuchen – also viel zu früh! – auf, womit neue Geschmäcker und Gerichte natürlich keine Chance haben; hingegen das, was öfters gegessen wird, eine im doppelten Sinn positive Bedeutung erhält.

Mami – was ist umami?

Geschmack ist mehr, Geschmack = Schmecken + Riechen. Grundgeschmack (zwanzig Prozent) und Geruch (achtzig Prozent über das Einatmen bzw. das Kauen) des Verzehrten komponieren unser menschliches Geschmackserlebnis und lassen es schlussendlich sinnlich in uns wirken.

Dafür verantwortlich zeichnen zigtausende Geschmacksknospen auf Zunge bzw. im Gaumen, die uns zwischen den Geschmacksrichtungen süß, sauer, bitter, salzig und umami unterscheiden lassen. Gerade Kinder aber lassen sich bereits beim Essen und Trinken nicht nur von dem, was sie schmecken, sondern zunächst von ihren persönlichen Vorlieben und Abneigungen leiten. Und dieser ‚Gusto' ist nicht nur vom Geschmackssinn geprägt, sondern auch von Düften und Gerüchen, Farben, Formen, Konsistenzen und Geräuschen. Etwas, was sich Erwachsene zunutze machen können, indem sie das kindliche Gehirn und dessen Sinnesreize ein wenig ‚schulen' und so das Kind dabei unterstützen, seine Erfahrungslandschaften breit und sein ‚Geschmacksbild' offen kreieren zu können. Etwa indem sie spielerisch verschiedene Farben (natürliche oder Lebensmittelfarbe) beim Essen einsetzen oder mit verschiedenen Konsistenzen arbeiten.

Denn wenn die Sinne das Tor zur realen (und auch ein Gegenstück zur zunehmend virtuellen) Welt sind, dann macht es ‚Sinn', sie nicht nur bewusst zu fördern, sondern sie auch zu schulen: Auch um zu wissen, woher dieser Duft oder jener Geschmack denn wohl stammt. Folgt man nämlich den Erkenntnissen der Studie des Australischen Rats für Bildungsforschung (ACER), in der nach der Herkunft von Lebensmitteln gefragt wurde, so wird auch rasch ersichtlich, warum. Aus dieser Studie geht nämlich ganz klar hervor, dass viele australische Grundschüler denken, Joghurt wachse auf Bäumen und mehr als ein Viertel der Kinder nehmen an, Joghurt werde aus Pflanzen gewonnen. Und selbst Zehn- bis

Zwölfjährige denken, Nudeln werden aus Tieren gewonnen und Eierspeise stamme von Pflanzen. Interessant allerdings, dass die meisten Kinder aber sehr wohl wussten, woher Chips und Kaffee kommen (vgl. Joghurt wächst auf Bäumen, 2012).

Ähnlich wie die australische ACER-Studie zeigt eine bislang einzigartige wissenschaftliche Studie aus Österreich ebenso erhebliche Wissenslücken auf. Nach einer AMA-Studie können drei Viertel aller Kinder zwischen zehn und dreizehn Jahren nicht mehr zwischen den Geschmacksrichtungen süß, sauer, salzig und bitter differenzieren.

Fastfood- und Imbiss-Kultur, übersüßte Getränke, viel Weißbrot bzw. wenig Obst und Gemüse beeinträchtigen die Geschmacks- bzw. Geruchswahrnehmung. Doch – und das ist das Positive! – scheint umgekehrt ein häufiger Konsum von Obst und Gemüse die Genussfähigkeit ebenso massiv zu stärken, wie die Nähe zu ländlichen Gebieten die Sinneswahrnehmungskompetenzen der Kinder stärkt: Landkinder haben auch hier ihre Nasen eindeutig vor denen der Stadtkinder (vgl. Dürrschmid et al., 2008).

Nun – Schulungen der Sinne scheinen tatsächlich notwendiger denn je zu sein.

Die Sinne schulen ...

Afrikanisches Gemüse, asiatische Früchte, Schaffleisch aus Neuseeland – nie zuvor war die kulinarische Vielfalt rund um das Jahr größer denn heute. Eigentlich ein wahres Fest für den Gaumen der Heranwachsenden. Doch vielen (lässt man den ökologischen Aspekt einmal beiseite) schmecken diese Köstlichkeiten nicht richtig. Vielleicht weil ihr Geschmackssinn manipuliert ist bzw. wird, der Künstliches so real – und damit: so gut – schmecken lässt? Und sich somit auf Bekanntes begrenzt und dem Neuen keine Chance gibt?

Ein interessantes Detail zum Geschmacksempfinden von Kindern zeigt eine Studie von Ernährungswissenschaftern aus dem Sensoriklabor des Technologie-Transfer-Zentrums Bremerhaven. Quasi vor dem Hintergrund ‚echtes versus künstliches Fruchtjoghurt' ließen die meisten Fünfjährigen keinen Zweifel daran, dass (zwischen echtem Erdbeer-Joghurt bzw. industriell hergestelltem Erdbeer-Aromajoghurt) sie klar das künstlich aromatisierte Joghurt favorisierten. Was zum einen damit erklärt werden kann, dass Kinder intensive Geschmäcker lieben, zum anderen aber auch damit, dass immer weniger Kinder regelmäßig Obst und Gemüse essen. Viele unter ihnen können den Geschmack von frischen Erdbeeren überhaupt nicht mehr kennen, weil sie sie weder jemals gegessen noch überhaupt selbst einmal gepflückt (und gegessen) haben. Kein Wunder also: Wenn Kinder nicht mehr wissen, wie eine echte Erdbeere schmeckt, lehnen sie sie ab und essen stattdessen lieber zuckerhaltige und aromatisierte, also deutlich ungesündere ‚Lebensmittel' (vgl. Künzel u. Hübner, 2008).

Und es wächst die Anzahl der Kinder, die den Geschmack frischer Lebensmittel nicht mehr kennen. An die Stelle des Homecooking treten zunehmend Fertiggerichte, Convenience- oder Fastfood, aromatisierte bzw. mit Zusatzstoffen angereicherte Lebensmittel, künstliche Aromen, Geschmacksverstärker sowie Glutamate – da hat das ‚natürliche' Geschmacksempfinden einen schweren Stand. Zudem wird nicht nur die natürliche Wahrnehmung irritiert, sondern auch eine Negativ-Geschmacksspirale in Gang gesetzt: Je salziger und süßer das Kind isst, desto mehr muss es hinkünftig wieder davon essen, um seine Bedürfnisschwelle zu erreichen (ganz abgesehen von Folgewirkungen wie Zahnschäden, Übergewicht und Bluthochdruck).

Geschmack wie Geruch sind beim Essen und Trinken – und gerade beim Genießen, wie Someliers zeigen – unentbehrliche Sinne. So legt auch das bereits angeführte AMA-Studienergebnis (vgl. Dürrschmid et al., 2008) nahe, Kinder frühzeitig und regelmäßig in ihren sinnlichen Wahrnehmungsfähigkeiten zu schulen. Ganz nach dem Motto: „Wer ausgewogen schmecken will, braucht den richtigen Riecher" (Mehr Zeit für Kinder, 2008).

Spielerische Anregungen für Erwachsene für ein solcherlei buntes kindliches Geschmacks- und Geruchsarchiv können etwa sein:
– ‚schmecken ohne zu sehen' schärft spielerisch die Sinne im Kindergartenalter
– schnuppern (Kräuter, Blumen, Obst etc.) verfeinert das Näschen und damit den Geschmackssinn (Kräutergarten, Pflanzenkübel auf dem Balkon etc.)
– um die Wette riechen (Wer kennt mehr Düfte?) auf dem Marktplatz
– Gewürze (Zimt, Vanille etc.) und Kräuter (Minze etc.) verkosten
– ‚Geschmacksdetektive' spielen (Apfel oder Birne, Melone oder Gurke, Mango)

- Fühlkino bei Früchten (haarige Schale von Kiwis, Pfirsich versus Nektarine etc.) oder Gemüse
- usw.

In diesem Sinne bietet sich als Motto einer Entwicklungsförderung (die auf vielfältigen ‚Sinneserfahrungen' basieren soll) an, die Kinder selbst erfahren zu lassen, wie Lebensmittel von Natur aus schmecken – also jenseits von Geschmacksverstärkern und Zusatzaromen. Und Kinder ganzheitlich zu fördern und zu ‚bilden' müsste dann konsequent zu Ende gedacht ja wohl vor allem heißen, sie für das Leben fit zu machen, indem man Koch-Unterricht und Bewegung ebenso fördert, wie den Intellekt. Damit wären aber nicht bloß Bildungseinrichtungen konfrontiert, sondern vor allem die Eltern über ihre Vorbildfunktion. Immer wieder einmal die Mahlzeiten (gerade am Wochenende) gemeinsam liebevoll zubereitet, frisch gekocht und das Verspeisen selbst als Festmahl zelebriert (Stichwort ‚Slow Food') – da wäre ein wichtiger Schritt in Richtung ‚sinnliches' wie auch entschleunigtes Essen schon getan. Was kann es Schöneres geben, als das von allen, gemeinsam und mit Hingabe, zubereitete Mahl – vielleicht noch am selbst dekorierten Tisch – in einer ritualisierten Regelmäßigkeit zu genießen? Damit genau ‚so' Kinder Geschmack und Bedeutung erleben können, wie ‚geschmacksvoll', wie schön und erfüllend jene Zeit ist, die man gemeinsam beim Essen verbringt (vgl. Benke, 2005, S. 312f).

Apropos ‚Gute Küche'. Keine Frage – es bietet sich immer wieder an, Kinder beim Kochen mithelfen zu lassen. Denn Kochen und Essen sind in jedem Haushalt irgendwie Thema und zudem sind daran oft auch noch Anekdoten, Familiengeschichten und gemeinsame Erlebnisse geknüpft, die nebenbei ja auch Beziehungsarbeit ermöglichen.

Sollte aber dennoch das ‚simple Kochen' zu wenig Anreiz bieten, so kann mit Fantasie und kleinen Tricks aus dem ‚nur Kochen' vielleicht das lustvolle Küchenabenteuer ‚schnippeln – rühren – dampfen – brutzeln' werden. Vielleicht sogar in Form eines Rollenspiels wie ‚Kochsendung', wo das Kind den Radio- oder TV-Sprecher spielt und der Erwachsene (mit Kochhaube) dessen Kochanweisungen umzusetzen hat. Oder über das Reporter-Spiel, wo der Erwachsene einige Zutaten auswählt und fragt, was man wohl daraus zubereiten könnte bzw. man dem Kind ganz nebenbei erklären kann, warum manche Kinderlebensmittel nicht (für sie) geeignet sind, weshalb das eine oder andere Produkt so viel verlockender scheint etc. Womit das ‚Miteinander kochen, miteinander reden, miteinander essen' auch gleichzeitig eine gute Basis für zukünftig kritischen Konsum bietet (vgl. Tschürtz, 2010). Welche Faktoren allerdings bei einem rundum gelungenen Familienessen zusammenspielen, zeigt die Webseite von ‚Mehr Zeit für Kinder':

Zehn Spaß-Regeln für Familienessen mit Lust statt Frust
... damit sich alle gerne Zeit dafür nehmen

1. Zusammen Speisen planen, dabei Leibgerichte bevorzugen – so fühlt sich niemand bevormundet.
2. Die echten Bedürfnisse erkennen, von In-den-Arm-nehmen bis Zoff bereinigen, bevor man sich an den Tisch setzt. Verschlafen? Aufgeregt? Dann Kleinigkeiten wie Kakao oder Joghurt anbieten.
3. Reste sind erlaubt, weil das gezielte Wahrnehmen von Sättigung (lebens-) wichtig ist! Aber: beim nächsten Ma(h)l Portionen genauer schätzen.
4. Mittwoch gibt's Fingerfood: Einmal pro Woche wird besonders locker, dafür an einem anderen Tag besonders „vornehm" gegessen.
5. Kritik gestattet, aber sachlich: „Das trifft nicht meinen Geschmack" oder mit einem höflichen „Nein, danke" ablehnen (und akzeptieren).
6. Ess-Protokoll führen, wenn es (zu) oft am Familientisch knallt. Was sind die Auslöser bzw. was steckt dahinter? Wie Streitpunkte entschärfen?
7. Fachsimpeln über Aussehen, Duft, Geschmack der Speisen und über den Weg von Brot oder Käse. Auch die gemütliche Atmosphäre und das wohlige Sattwerden bewusst ansprechen.
8. Gemeinsam einkaufen und brutzeln steigert die Vorfreude auf das Essen und den Respekt vor der Mühe und Kunst des Kochens!
9. Klein darf es sein: Statt ein oder zwei Riesenportionen lieber öfter mal Minimahlzeiten zwischendurch. So lässt sich der Bärenhunger am besten vermeiden.
10. Abwechslung ist angesagt, am Familientisch und beim Frühstück für die Schule. Jeder darf mal etwas Neues wünschen, und alle probieren mit.

Quelle: Mehr Zeit für Kinder, e.V. (2007)

Duft, Geschmack und Emotionen

Wenn auch – wie eingangs erwähnt – die visuelle Wahrnehmung jene ist, auf die wir uns primär stützen, so fällt es dennoch erstaunlich schwer, sich an die ‚Farben seiner Kindheit' zu erinnern. Gänzlich anders aber verhält es sich mit der olfaktorisch-gustatorischen Wahrnehmung an die wir uns erinnern – also mit dem Geschmacks- und Geruchssinn. Düfte rufen jene Bilder im Kopf ab, die dort seit frühester Kindheit – zusammen mit Emotionen und Erwartungshaltungen – abgespeichert sind (vgl. Benke, 2005, S. 158). Und werden diese im Raum hängenden Düfte etwa beim Kochen oder Backen wieder abgerufen, so wird in dieser Situation die gesamte Bedeutungswelt von ‚damals' aktualisiert und das Bild quasi wachgerufen. (Analoges gilt natürlich auch für Gerüche, die wir als wenig angenehm empfinden.)

Nicht zu unterschätzen bei der Entwicklung des Geschmackssinns ist somit die emotionale Besetzung von Geschmäckern: Denn verbindet ein Kind einen Geschmack mit einem angenehmen Gefühl, so wird es diesen Geschmack auch eher mögen; füttert man ein Baby mit der Speise X sehr liebevoll, so hat diese gute Chancen seine ultimative Lieblingsspeise zu werden, weil es damit ja auch angenehme Empfindungen (Nähe, Fürsorge, Zeitwidmung etc.) verbindet. Aber auch wenn das Kind das Nahrungsmittel Y, das ihm vielleicht zunächst weniger schmeckt mit einer seiner Bezugspersonen verbindet, wird es dieses später wahrscheinlich auch unbewusst favorisieren.

Und nicht selten muss man trotz viel Liebe und Mühe in der Küche, dennoch ab und zu von seinen Familienangehörigen in Anspielung an eine intensiv erlebte Situation, schon einmal folgenden Satz zur Kenntnis nehmen: „Kannst du dich noch erinnern? Damals in der Situation X, da hat das einfach nur lecker geschmeckt!"

Geschmack und kulturelle Horizonterweiterung

Mit diesen unsichtbaren ‚geschmacklichen' Beziehungsstrukturen (die von jedem Menschen bzw. Umfeld ausgehen können) ist aber auch die Frage verknüpft, wie weit sich ein Kind über ausreichende und vielfältige Angebote zu einem Menschen mit offener Geschmacksbildung entwickeln kann – jenseits von Pizza, Döner und Burger. Nämlich wenn es darum geht, auch in andere Kulturen ‚hinein zu riechen', deren kulinarische Lebenswurzeln zu erschnuppern und zu schmecken, um auch Lust respektive ‚Appetit' auf das Fremde zu bekommen. Lust auf andere (sozio-kulturelle) Räume, deren soziologische Basiselemente nun auch einmal ‚Speis und Trank' sind. Verweigert man sich diesem, so verweigert man sich Räumen unserer Welt.

Doch um dies versuchen zu können, muss es zunächst ein Angebot geben. Auffallend im Prozess einer allenthalben spürbaren Globalisierung ist aber gerade die Tatsache, dass es zu einer Vereinheitlichung des Geschmacks führt; dass sehr viele Speisen in höchst unterschiedlichen Ländern bzw. Kulturkreisen nahezu identisch schmecken – nein: schmecken müssen. Denn eine solche ‚Uniformierung des Geschmacks' sei ganz klar gewollt und im Konzept vieler großer Restaurant-Ketten verankert. Sie ist das, was der Soziologe Ritzer (1997) unter „McDonaldisierung der Gesellschaft" versteht und im Volksmund wohl mit ‚Was der Bauer nicht kennt, isst er nicht' kursiert.

Typisches Beispiel dieser weitgehend ‚kulinarischen Reduktion bzw. Simplifizierung' ist vielleicht das Gewürz Oregano. Es ist mittlerweile in Italien ebenso wie im deutschsprachigen Raum von der Pizza und aus den Pasti-Sugi verschwunden, oder? Aber wohl nicht, weil ihn Kinder nicht mögen, sondern vielleicht vielmehr deswegen, weil er über das Weglassen auf den Fertigprodukten und Ketten-Industriegerichten einfach aus dem geschmacklichen Blickfeld geriet und so ein besonderes Geschmackserlebnis mittlerweile fast flächendeckend in der Gastro-Szene vermissen lässt?

Gut oder gesund? Gut und xund!

Schon Georg Ritzer (1997) beschreibt, wie effizient es ist, das Kind ‚schnell' und günstig bei McDonald's essen zu lassen, sich ‚schnell' etwas am Kiosk zu holen, wenn Mama oder Papa in der Arbeit sind. In einer schnellen Gesellschaft muss auch Essen schnell passieren. Im Stehen oder noch besser – im Gehen, damit man seine Zeit besser nutzen kann. Womit sich eine unheilvolle Spirale in Gang setzt: Angesichts des Zeitdrucks (in) unserer Gesellschaft muss das Kind in kurzer Zeit möglichst viel erledigen. Und schafft es das in noch kürzerer Zeit, dann erhöht sich nur noch der Druck, noch mehr erledigen zu müssen.

Plötzlich reicht auch die Mittagspause in der Schule nicht mehr aus, um genügend Zeit zum Essen zu haben. Fastfood-Ketten wie McDonald's fördern diese Schnelligkeit und wachsen mit ihr.

Doch je mehr unsere Kinder (und auch wir) unter Druck stehen, umso eher bietet es sich an, uns der wesentlichen Dinge im Leben zu besinnen, die dem Kind und uns selbst ein Gefühl von Entspannung verleihen können. Und dazu gehören nun einmal ebenso Pausen wie auch Zeit zum gesunden Essen (vgl. Stumpe, 2012). Damit die Esskultur der Kinder von morgen sich nicht in permanenten Zwischenmahlzeiten erschöpft oder Hunger mit Langeweile gleichgesetzt wird oder Essen gar als Ersatzbefriedigung herhalten muss.

Was die Kinder essen und was nicht, stimmt nicht immer mit dem überein, was ihnen gut tut. Und damit sind wieder wir Erwachsenen gefordert. Gerade angesichts eines wahren Geschäftsbooms mit vermeintlich ‚gesunder Ernährung', die vor Krankheit schützen und die Jugend erhalten soll – voller Vitamine und Ersatz-Präparate für sich und die Kinder: Probiotisches Joghurt, das für Abwehrkräfte sorgt, der Schokoriegel mit der Extra-Portion Milch, Zuckerl mit der Tages-Extra-Ration an Vitaminen und Fruchttopfen mit wertvollem Kalzium. Allenthalben stößt man auf Lebensmittel, die gesundheitsfördernde Wirkung haben (sollen), das Leben verlängern oder zumindest das Wohlbefinden steigern (können): ‚gesund naschen', ‚alles was Ihr Kind braucht'. Ganz zu schweigen von den speziellen Kinderlebensmitteln, die erwiesenermaßen fett und süß sind, einzig den Nahrungsmittelindustrie-Umsätzen dienen und der Fehlernährung Tür und Tor öffnen.

Gesundes Essen ist für viele beinahe zu einer Ersatzreligion im Erziehungsalltag der Kinder geworden. Entsprechend nachvollziehbar und groß ist der Wunsch, seinem Kind durch gutes Essen ein besseres, gesünderes und längeres Leben zu ermöglichen. (Was natürlich nicht nur eine Bildungsfrage sondern vor allem eine finanzielle Frage ist.) Dennoch: Ein ‚allzu viel (an Zusätzen) ist ungesund', wusste seit jeher schon der Volksmund.

Auch heute genügen um Kinder gesund zu ernähren noch immer Speisen, die selbst eingekauft und zubereitet sind; es genügen Obst, Gemüse und Getreideprodukte bzw. eine ausgewogene Mischkost, die dem Hausverstand von Erwachsenen entspringt, zumal diese ohnehin ausreichend Vitamine und Mineralstoffe enthält.

Großer Geschmack für Kleine

Ganz offenbar haben viele postmoderne Nationen Geschmacksprobleme. Doch damit nicht genug, denn dieselben Nationen haben auch ein Gewichtsproblem, wie die Zahl der übergewichtigen Kinder belegt. Wie z. B. der Ernährungsbericht 2012 etwa für Kinder in Österreich festhält, ist jedes vierte Kind übergewichtig oder adipös. Zu viel Fett, zu viel Salz und zu viel Zucker und zu wenig Bewegung auf der ungesunden Seite stehen zu wenig Obst und Gemüse bzw. auch stärkehaltigen Produkten wie Brot, Reis, Nudeln, Getreideprodukten, Kartoffeln, Milch- und Milchprodukten sowie Hülsenfrüchten auf der anderen Seite entgegen (vgl. BMG, 2012).

Was sollten also Erwachsene in Anbetracht dieser Erkenntnisse tun? Zunächst wäre da (einmal mehr) die Vorbildrolle, die es einzunehmen gilt: Was den Großen an Gesundem schmeckt, schmeckt ziemlich sicher auch ihren Kleinen. ‚Frische statt Konserve und Fertigprodukt' bzw. ‚Rohes statt Gegartes' sind weitere Schritte und laden neben dem Kosten auch gleich dazu ein, mit den Kindern zu diskutieren (bspw. über regionale Produkte, Biowaren etc.). Vielen Kindern kann man geschmacklich auf die Sprünge helfen, indem man Gemüse und Obst in alle möglichen Gerichte untermischt, wie etwa fein geraspelte Karotten und Sellerie ins Faschierte bzw. Äpfel, Zucchini und Kürbiskerne in den Kuchen. Nachdem Angebote Lust machen, ist es auch hilfreich, Obst und Gemüse stets zugänglich, also appetitlich portioniert, in verschiedenen Farben und Formen bereitzuhalten und ihnen so nicht nur symbolisch ihren speziellen Platz einzuräumen.

Selbstredend macht es Sinn, die Kinder mit aussuchen und entscheiden zu lassen. Bereits Dreijährige sollten entscheiden können – allerdings weniger zwischen Cola und Red Bull als vielmehr zwischen rotem, grünem oder gelbem Paprika oder zwischen verschiedenen Kräutern oder etwas später dann zwischen verschiedenen Zubereitungsformen. Damit der Hunger nicht allzu groß wird, empfehlen sich engere Ess-Intervalle, also: Zwischenmahlzeiten, die natürlich auch ‚gesund' sein dürfen; zuerst das Xunde – dann das Leckere (vgl. auch Kirchmaier, o. J.)! Denn: ‚Hunger ist der beste Koch'.

Wege zum Geschmack

Lirum, larum, Löffelstiel – Kochen ist ein Kinderspiel! Ein wirkliches Spiel für Kinder ist es vor allem dann, wenn etwa die Kleinsten hautnah beim Kochen oder Backen dabei sein können und dabei beobachten, wie etwa Schwammerl und Pilze bzw. Spinat im Topf plötzlich ganz klein werden, während umgekehrt der Germteig in der Schüssel wächst. Oder das luftige Soufflé im Ofen aufgeht wie ein kleiner Luftballon, wenn man aber die Herdtür zu oft oder zu lange aufmacht, es schnell in sich zusammenfällt.

Was für Erwachsene fast vertraut anmutet, begeistert hingegen die (kleinen) Kinder. Was sich in Form oder Farbe verändert, größer wird und schrumpft – oder, wie Omas alter Teekessel, lustige Geräusche macht – entlockt noch vor dem ‚Warum' eindeutig ein ‚Oh, schau mal'.

Ein Weg zum Kochen führt mit Sicherheit über Deckel und (Koch)Töpfe: wie flüssiger Schlagrahm steif, eine Kartoffel fast breiig weich und das glitschige Ei hart wird. Zugleich wird über das Dabeisein und Mitwirken auch ein Grundstein für eine wertschätzendere Haltung gegenüber Lebensmitteln und dem Kochprozess selbst gelegt.

Kochen ... xund, einfach, schnell

Keine Frage: Eine ‚richtige und gesunde Ernährung' ist Grundlage für Wachstum, Entwicklung, Gesundheit sowie körperliche und geistige Leistungsfähigkeit. Eine ausgewogene und dem Alter angepasste Ernährung sollte – will sie auch angenommen werden – altersentsprechend zubereitet und angeboten werden und die Bedürfnisse des wachsenden Organismus berücksichtigen. Was einfach zubereitet und gekocht werden kann, führt zu raschem Erfolg und stärkt das Selbstbewusstsein, als Hobbykoch reüssieren zu können; vor allem, wenn das Gekochte gesund ist.

Es ist ein offenes Geheimnis, dass ein gesunder Speiseplan für Kinder reichlich pflanzliche Lebensmittel (Gemüse, Obst, Salate, Getreideprodukte, Hülsenfrüchte), reichlich Fisch, weißes Fleisch, Milch und Eier enthalten soll. Fettreiche Lebensmittel sollten sparsam in den Speiseplan Einzug finden. Vollkornprodukte und Nüsse wiederum komplettieren die Nahrungspyramide als ideale Hirnnahrung und ermöglichen es Kindern, sich ‚schlau' zu essen.

Gerade beim Kochen sind Fantasien und Vorlieben keine Grenzen gesetzt. So kann es Spaß machen, neue Speisennamen zu kreieren und Bekanntes in ein neues Mäntelchen zu packen: ‚neue' Soßen mit ‚neuen' Kräutern, panieren mit Sesam oder Kürbiskernen etc. lassen ohne Mehraufwand neue Geschmacksmuster entstehen. Oder man versucht statt Nudeln oder Reis vielleicht einmal einen Salat aus Perlweizen oder Quinoa zuzubereiten.

Was von Kindern gut angenommen wird, sind Variationen (Nüsse, Backerbsen oder Gewürze wie Ingwer für Ältere etc.) des Klassikers ‚Karotten-Suppe', wie der folgender Rezeptvorschlag zum Thema ‚schnell – xund – einfach' zeigt.

Karotten-Suppe
Wasser oder Gemüsebrühe erhitzen. Dann die Karotten und Kartoffeln (oder Kürbis) schälen, in Würfel schneiden und der Suppe beigeben. Die Suppe zugedeckt 20 bis 25 Minuten köcheln lassen. Anschließend die Suppe mit einem (Stab)Mixer pürieren und mit Cashew-Mus, Salz, Pfeffer und evtl. einer Prise Zucker abschmecken. In einer beschichtete Pfanne Cashewnüsse kurz bräunen und abschließend die Suppe mit Cashewnüssen bestreuen und servieren.

Sowohl bei kleineren als auch bei größeren Kindern ist die Eigenproduktion von leckeren Knabbereien und Süßigkeiten angesagt. Sie sind in der salzigen Variante kalorienarm. Man braucht dazu entweder einen großen Topf, Popcorn-Mais, etwas Öl und – abhängig von der Geschmacksrichtung – Salz oder Zucker oder einen Mikrowellenherd. Und schon ist die Popcorn-Fabrik im eigenen Haus! Oder Brotreste (in Streifen geschnitten) in einer Teflonpfanne in ein wenig Butter anrösten, sie können als Knabberei-Ersatz (auch ohne Knoblauch) wunderbar schmecken. Oder der Partyrenner im Freien: Das Stock- oder Steckerlbrot, das unter dem Motto ‚Zurück in die Steinzeit' als kleines Abenteuer wie auch Zeitreise in die Vergangenheit fungieren kann. Für dieses Backerlebnis brauchen lediglich die Getreidekörner mit Steinen zu Mehl gemahlen, mit Wasser vermengt und abschließend im offenen Feuer (als um einen Stock gewickeltes Brot) gebacken werden.

Und zum Schluss als Nachtisch eine süße Variante einer Keks- oder Eisfabrik?

Von der Vielfalt zur Einfalt? Oder umgekehrt?

Wie vielfältig und intensiv waren die Gerüche der Vergangenheit, der eigenen Kindheit? Wer bäckt heute noch (regelmäßig), wer hat oder nimmt sie sich noch – die Zeit dazu, ohne sich bei Maggi und Knorr, Iglo und Inzersdorfer, Bofrost und Gourmet zu bedienen? Welche Familie mit berufstätigen Eltern kommt noch ohne Pizza von Dr. Oetker und Co. aus?

Mit dem Schwinden der Zeit für das Kochen fehlt heute der ganz spezielle Duft von Kräutern, Gewürzen, Obst und Gemüsen, der ja alleine schon Appetit anregend wirkt. Gewürze er-riechen, er-schmecken, er-raten – etwas aus der Wunschkiste verträumter Oldies?

Wer, wenn nicht die erweiterte Familie (Großeltern, Tagesmutter etc.) kocht heute noch tagtäglich selbst? Welches Kind weiß folglich jedoch noch genau, wie Zimt und Vanille riechen? Warm, süß oder einladend? Wie wenige Worte finden wir dafür, wenngleich wir über die Nase bis zu 10.000 verschiedene Düfte unterscheiden können. Theoretisch zumindest, denn wie Studien (vgl. Dürrschmid et al., 2008, S. 7) belegen, erzielen Schüler, die häufig oder ausschließlich Schnellimbiss- und Fertiggerichte konsumieren, wesentlich schlechtere Wahrnehmungsergebnisse bei Geruchs- und Geschmackstests als jene, die so gut wie nie zu Schnell-Imbissen greifen.

Ein Aufwachsen im Snack-Alltag zwischen Happy-Meal, Döner und Pizza bedeutet aber nicht nur, dass der kindliche Geschmack nach und nach vernichtet wird, sondern sich auch noch Übergewicht ansetzt (so decken bspw. Burger, Pommes und Cola mit knapp 750 kcal bereits den halben Tagesbedarf eines Achtjährigen – 20 Stück Würfelzucker sind dabei inklusive). Die sie umgebende Fastfood-Industrie zeigt zudem am Beispiel zunehmender Unverträglichkeiten oder Nahrungsmittelallergien eine weitere negative Facette der gängigen schnellen Esskultur.

Gesundheitliche Langzeitfolgen unserer Esskultur lassen noch auf sich warten, doch sie verheißen wenig Gutes. Inwiefern jedoch die heranwachsende Generation als Konsumenten in den nächsten Jahren
- dem prognostiziertem ‚Convenience-Trend' (Dosen, Packerl, gewaschene Salate, portionierte Fertiggerichte etc.) auf Basis vorgefertigter Nahrung bzw.
- dem ‚To-Go-Prinzip' (in dem man quasi im ‚Vorübergehen' isst)

folgen, hängt einmal mehr von der Vorbildrolle der Erwachsenengeneration und ihrem Zugang zu einem ‚gesunden' Essverständnis ab.

Sie können die ‚Zauberformel EGS' (Entschleunigen – Gemeinsam – Selbstgemacht) zum Grundverständnis einer ‚gesundheitsbewussten' Vorbildgeneration werden lassen, die es ihren Kindern ermöglicht, wieder Räume riechen und schmecken zu können und sie zu den Wurzeln verlorener Sinnesräume heranführen.

Literatur

AGES, Österreichische Agentur für Gesundheit und Ernährungssicherheit (2008). Richtige Ernährung für mein Kind – leicht gemacht. Rezepte speziell für Kinder von 4 - 10 Jahren. Verfügbar unter: http://www.ages.at/uploads/media/broschuere_kinderernaehrung_09.pdf

Albrecht, Harro (2012). Auf den Geschmack gekommen. Verfügbar unter: http://www.zeit.de/2012/09/Forschung-Geschmack/seite-1

Benke, Karlheinz, Hg. (2011). Kinder brauchen [Zwischen]Räume. Ein Kopf-, Fuß- und Handbuch. München: Meidenbauer.

Benke, Karlheinz (2005). Geographie(n) der Kinder: Von Räumen und Grenzen (in) der Postmoderne. München: Meidenbauer.

BMG, Bundesministerium für Gesundheit (2012). Verfügbar unter: http://www.bmg.gv.at/home/Schwerpunkte/Ernaehrung/Rezepte_Broschueren_Berichte/Der_Oesterreichische_Ernaehrungsbericht_2012

Dürrschmid Klaus, Unterberger Eva, Bisovsky Sabine (2008). Untersuchung zu den gustatorischen und olfaktorischen Wahrnehmungsfähigkeiten von 10- bis 13-jährigen Schulkindern in Österreich (AMA-Studie – Agrarmarkt Austria Marketing). Verfügbar unter: http://www.ama-marketing.at/uploads/media/Studienbericht.pdf

EUFIC, Europaen Food Information Council (2010). Wie man kleine Kinder ermuntert, Gemüse zu essen. In: Food Today (No. 3). Verfügbar unter: http://www.eufic.org/article/de/ernahrung/vitamine-mineralien-phytonutriente/artid/Kleine-Kinder-ermuntern-Gemuese-zu-essen

Künzel, Peter, Hübner Tobias (2008). Die Suche nach dem Geschmack. Verfügbar unter: http://www.daserste.de/information/wissen-kultur/w-wie-wissen/sendung/2008/die suche nach dem geschmack-100.html

Kirchmaier, Angelika (o. J.). 10 Tipps – So essen Ihre Kinder gesund! Verfügbar unter: http://www.issgesund.at/gesundessen/ernaehrungstips/10tippssoessenihrekindergesund.html

Lasser-Ginstl, Erika (2001). Genuss-Schule für Kinder und Jugendliche. Verfügbar unter: http://www.xundessen.at/Genuss-Schule_kids.pdf

Mehr Zeit für Kinder, e.V. (2007). Essen – ein Abenteuer? Wie die tägliche Ernährung in der Familie Spaß macht und gesund hält. Verfügbar unter: http://www.mzfk.net/essenabenteuer.html

Reichelt, Stefan (1998). Wer nicht riechen kann, ist nasenblind. Von Kindern lernen, was leben heißt. Bern: Scherz.

Ritzer, George (1997). Die McDonaldisierung der Gesellschaft. Frankfurt: Fischer.

Stumpe, Ramona (2012). McDonalds – The impact on us, pour society and our environment. Verfügbar unter: http://www.zentrum-der-gesundheit.de/pdf/mcdonalds-ia_01.pdf

Tschürtz, Jennifer (2010). Gesund essen im Kindergartenalter: Vom Gemüsemuffel zum Gemüsefan. Tipps und Tricks einer erfahrenen Kindergartenpädagogin. Wien: maudrich.

Wimmer, Alexandra (2010). Über Geschmack lässt sich nicht streiten. Das prägt unsere Vorlieben und Abneigungen. In: Medizin populär (Nr. 5). Verfügbar unter: http://www.medizinpopulaer.at/archiv/essen-trinken/details/article/ueber-geschmack-laesst-sich-nicht-streiten.html

Links

Chemie in unserer Nahrung (2.6.2011). Verfügbar unter: http://www.kinderbuero.at/de/files/2012/02/Chemie-in-unserer-Nahrung.pdf

Die Österreicher werden immer dicker (28.09.2012, aktuell offline). Verfügbar unter: http://www.gmx.at/themen/gesundheit/ernaehrung/329pxxw-oesterreicher-dicker

Joghurt wächst auf Bäumen, meinen viele australische Kinder. In: Der Standard (15.3.2012). Verfügbar unter: http://derstandard.at/1330390389257/Studie-Joghurt-waechst-auf-Baeumen-meinen-viele-australische-Kinder

Begeisterung und die Liebe zum Lernen: Die Bedeutung von Beziehung für gelingendes Lernen
Beziehungsräume

Waltraud Engl

Das Thema Lernen beschäftigt mich bereits seit vielen Jahren. Die praktische Tätigkeit in der Arbeit mit Eltern von Kindern und Jugendlichen mit Behinderung hat meine Blickwinkel über die Jahre erweitert und mich gelehrt, festgeschriebene Rahmenbedingungen und Theorien über das Lernen kritisch zu hinterfragen. Häufig lenken gerade diese von den Hauptpersonen, nämlich den Kindern ab, da sie primär darauf abzielen, vordefinierte institutionelle Räume zu bestimmen. In der alltäglichen praktischen Arbeit hingegen gibt es in steigender Zahl *Ausnahmen,* welche den vorgefertigten Theorien und ihren räumlichen Grenzen nicht entsprechen.

Aktuelle Herausforderungen in den Familien und den Bildungseinrichtungen machen deutlich, dass die Definition von sogenanntem ‚normalen' Lernen nicht (mehr?) überzeugend und objektivierbar vorgenommen werden kann. Diese Tatsache schafft Verwirrung. Aktuelle neurobiologische Erkenntnisse in Bezug auf die Bedeutung von Beziehung und Begeisterung beim Lernen liefern höchst wertvolles Material für die Gestaltung von Lern- und Erfahrungsräumen. Es geht längst nicht mehr um das klassische behavioristische Denken, wonach die Kontrolle und Voraussage von Verhalten ausschließlich über die Beziehung von Reiz und Reaktion und empirische Regeln erklärt werden kann (vgl. Roth, 2011, S. 19). Vielmehr braucht es Räume, in denen Kinder in Gemeinschaft und Beziehung ihre Potenziale entfalten können.

Lernen und das Wirrwarr der ersten Gedanken

Für das Leben lernen wir?!. Für die Schule lernen wir?!. Lernen unsere Kinder nicht jetzt auch schon für den Kindergarten, damit sie gut für die Schule lernen können? Bei diesen Fragen kommen so manche persönliche Erfahrungen ins Bewusstsein, welche für unser aller Lernverhalten prägend waren und sind.

Sollte es nicht vielmehr heißen: *Im* Leben, *im* Kindergarten, *in der* Schule etc. lernen wir. (Das vorliegende Buch beschäftigt sich wie bereits Band I intensiv mit Räumen und ihrer Bedeutung für jegliche menschliche und damit auch kindliche Entwicklung.)

Beginnt Lernen *in* bzw. *mit* Räumen oder schafft Lernen überhaupt erst entsprechende Räume? Dreht es sich hier um eine klassische Henne-Ei-Frage? Wo also lernen wir? In welchen Räumen geschieht Lernen? Gibt es eigene Lernräume oder sind nicht sämtliche Lebensräume nur durch Lernen zu erkunden, zu gestalten, zu formen, aber auch zu überprüfen, zu interpretieren und gegebenenfalls zu verändern? Dieser ‚räumlichen Grundidee' folgend, wird hier die Hypothese verfolgt, dass wir Menschen nicht von außen in die Räume ‚hinein lernen', vielmehr lernen *alle* Menschen in *allen* Räumen.

Was bedeutet Lernen?

Lernen bedeutet, sich Fähigkeiten, Kenntnisse, Fertigkeiten anzueignen und Potenziale zu entfalten. Lernen als Prozess der Erkundung und Aneignung des Lebens. Keinesfalls kann Lernen nur auf die Aneignung von Kulturtechniken reduziert werden, vielmehr geht es um einen lebenslangen Prozess, der nicht durch die Erfüllung von Pflichtschuljahren zu Ende ist.

Aus Sicht der Gehirnforschung beginnt Lernen bereits vor der Geburt, im Raum des mütterlichen Körpers und setzt sich nach der Geburt fort, wobei ‚fördernde, bildungsnahe, ermutigende familiäre Situationen' besonders wertvolle Grundbedingungen darstellen (vgl. Roth, 2012). Der familiale Raum hat daher elementare Auswirkungen auf die Lernentwicklung von Kindern. Dabei spielt die emotional motivationale Unterstützung eine größere Rolle als die kognitive (vgl. Roth, 2012).

Die Annahme ist: Alle Menschen wollen lernen, auch wenn im Zuge von PISA Studien und ihren (oft) wenig zufriedenstellenden Ergebnissen zunehmend gegenteilige Erfahrungen beschrieben werden. Der Neurowissenschaftler Manfred Spitzer hält diesbezüglich dagegen:

„Dass wir Menschen wirklich zum Lernen geboren sind, beweisen alle Babies. Sie können es am besten, sie sind dafür gemacht; und wir hatten noch keine Chance, es ihnen abzugewöhnen [...] Unser Gehirn lernt immer" (Spitzer, 2006, S. 10f).

Demnach ist Lernen ein selbstverständlicher Vorgang im Leben aller Menschen, ein Prozess, der fixer Bestandteil jeglicher Entwicklung ist. Doch wie kann dieser Prozess beschrieben werden, geht es dabei um planbare Abläufe in eigens dafür vorgesehenen Räumen mit definierten bzw. zu definierenden Regeln? In diesen Fragen wird deutlich, dass Lernen bereits sehr früh genau beobachtet und der Versuch von Verallgemeinerung unternommen wird. Lernt denn das Kind auch altersentsprechend zu reden, zu verstehen, zu agieren, zu reagieren, zu interpretieren? All diese Lernschritte sind in räumliche Strukturen, welche ihrerseits wiederum gesellschaftlich bestimmt sind, eingebettet und werden im Hinblick auf das vermeintlich ‚Normale' bewertet. Jede Abweichung davon wird meist mit besonderer Aufmerksamkeit mit dem Ziel beobachtet, möglichst früh ‚besondere' Lernförderung zu organisieren, um die Differenz zu dem als normal definierten Lernentwicklungsstand möglichst gering zu halten. Häufig werden ‚andere' ‚langsamere' ‚originelle' Lernfortschritte nicht als ebenso wertvoll und positiv betrachtet, sondern als nicht altersentsprechend oder als entwicklungsverzögert abgewertet. Eine Beurteilung, welche bereits sehr früh elementare persönliche Lernerfahrungen nachhaltig prägt und Lernen als ‚passiven' Prozess beschreibt, welcher an das Kind herangetragen wird, und die eigenmotivierte Lernbereitschaft des Kindes untergräbt.

Welche Bedeutung hat Lernen für das Leben:
– Es zielt auf neues Können, Verstehen, Wissen und Werte ab und schafft Möglichkeiten, sich selbst zu verändern.
– Über den Erwerb von neuem Wissen und Können schenkt es Freiheit, neues Bewusstsein, Kraft und Zuversicht.
– Es braucht Mut, weil es anspricht und fordert.

- Es erweitert Verhaltensmöglichkeiten, weil es ‚aus einer Sache an sich eine Sache für mich' macht.
- Es eröffnet neue Möglichkeiten, schafft Lern-Lust und fördert die Übernahme von Verantwortung (vgl. Fischer, 2012, S. 5).

Daher stellt sich die Frage: Wie kann erfolgreich gelernt werden? Was ist dazu notwendig?

Die Bedeutung von Beziehung, Vertrauen und Menschenbildern

Der primäre Gestaltungsraum, in dem Lernen erfolgt, ist die Beziehung. Aktuelle neurobiologische Beobachtungen beschreiben den Menschen „als ein Wesen, dessen zentrale Motivation auf Zuwendung und gelingende mitmenschliche Beziehungen gerichtet ist" (Bauer, 2008, S. 9).

Lernen geschieht stets in Beziehung, zu anderen *Menschen*, zu *sich selbst*, ebenso in Beziehung *zu Gegenständen* sowie in Beziehung *zu den Erfahrungen*, die daraus erwachsen. Dabei stellen Beziehungen in der jeweiligen Definition selbst (Zwischen)Räume dar, in denen unterschiedliche Formen von Auseinandersetzung, Entwicklung und somit Lernen geschehen. Vertrauen, Resonanz, Begeisterung und Betroffenheit sind dabei wesentliche Kernelemente.

Beziehungen werden stark durch Menschenbilder bestimmt, welche dahingehend wirken, wie nicht nur Menschen sich selbst sehen bzw. gesehen werden, sondern auch wie Menschen miteinander umgehen (vgl. Bauer, 2008, S. 10).

Menschenbilder können die Folgen von vermittelten und selbst erlebten Erfahrungen sein und definieren somit die Räume, in denen die Menschen agieren. Ebenso bedeutsam ist auch ihre Wirkung, denn „sie bestimmen, ob wir anderen vertrauen oder nicht, was wir von anderen erwarten und wie wir auf andere reagieren" (Bauer, 2008, S. 11f).

Für das Leben und die Arbeit mit Kindern klingt dies ebenso banal wie logisch, doch erleben wir in der praktischen Alltagssituation häufig Dinge, die eben diese Haltung erschweren oder sogar verhindern. Häufig heißt es, es hänge alles von der Lehrperson ab, ein Beleg für die Bedeutung der Beziehung.

Soziale Resonanz und Kooperation werden – aus neurobiologischer Sicht – ebenfalls als wesentliche menschliche Bedürfnisse betrachtet. „Kern aller menschlichen Motivation ist es, zwischenmenschliche Anerkennung, Wertschätzung, Zuwendung oder Zuneigung zu finden und zu geben" (Bauer, 2008, S. 23).

Die hier zusammengefassten Faktoren bieten die zentralen Voraussetzungen für erfolgreiche Lernerfahrungen und erhöhen damit Motivation und Freude am Lernen. „Lernen zu ermöglichen ist Aufgabe der Gesellschaft und der von ihr getragenen Kultur" (Spitzer in Fischer, 2012, S. 5).

Die Bedeutung von Motivation, Begeisterung und die Liebe zum Lernen

Dass Beziehung die elementare Grundlage für Lernen darstellt, ist unbestritten, ebenso dass durch soziale Anerkennung Motivation geschaffen wird und positive Erfahrungen das Selbstvertrauen stärken. Wer Kinder nachhaltig motivieren will, muss ihnen Möglichkeiten bieten, mit anderen Menschen Beziehungen und Kooperationen zu gestalten (vgl. Bauer, 2008, S. 63). Denn „das meiste, was wir im Alltag tun, (und damit auch im Lernen tun, erg. Engl) ist direkt oder indirekt dadurch motiviert, dass wir wichtige Beziehungen zu anderen Menschen gewinnen und erhalten wollen" (Bauer, 2008, S. 41).

Besondere Bedeutung kommt in diesem Zusammenhang der Begeisterung zu. Zwanzig bis fünfzigmal am Tag erlebt ein Kleinkind einen Zustand größter Begeisterung, was jedes Mal zur Aktivierung der emotionalen Zentren im Gehirn führt (vgl. Hüther, o. J.). Mit der Begeisterungsfähigkeit der Kinder zu arbeiten, diese als fixen Bestandteil des Lernens zu betrachten, liefert Eltern und Lehrenden wertvolles Material für ihr pädagogisches Handeln. All das, was mit Begeisterung gemacht wird, wird in logischer Konsequenz auch schnell besser. Wenn es also gelingt, einerseits die dem Kind selbstverständlich gegebene Begeisterung in allen Lebens- und Lernräumen zu erhalten und mit neuen Impulsen zu erweitern, kann Lernen erfolgreich geschehen.

Kann das Kind Bedeutsamkeit für sich erkennen, so kann es sich nachhaltig begeistern. Für sämtliche Lern- und Lebensräume (sowohl familiale als auch institutionelle) gilt es also diese Begeisterung und

Bedeutsamkeiten in Beziehung mit anderen Menschen zu bewahren sowie neue zu vermitteln.
All die beschriebenen Aspekte gelten ebenso im Erwachsenenalter. Erwachsene sind für Kinder zentrale Vorbilder, ihre Begeisterungsfähigkeit hilft Kindern, ihre Potenziale zu entfalten. Auftrag an die Eltern sowie alle Erwachsenen sollte daher sein, sich die eigene Begeisterungsfähigkeit und die Entfaltung der persönlichen Potenziale trotz zeitweilig widriger und schwieriger Lebenssituationen zu erhalten (siehe Benke *Auf dem Weg zum eigenen Glück*). Die Begeisterung am Entdecken und Gestalten sollte bestehen bleiben bzw. wiedererlangt werden.

„Um zu entdecken, mit welchen Methoden und Angeboten die Kinder für das Lernen und die kreative Nutzung von Wissen begeistert werden können, müssten Eltern und Lehrer sich selbst begeistern. Nur wer in der Lage ist, sich an den Kindern zu begeistern, wird in der Lage sein, ihnen auch genug Begeisterungs-Doping für ihr Hirn mit auf den weiteren Lebensweg zu geben" (Hüther, o. J.).

In beiden Feldern, Beziehung und Begeisterung steckt die Qualität von *Liebe* als intensivster Ausdruck von Zuwendung. Liebe ist eine selbstverständliche beziehungsbestimmte Primärerfahrung von Menschen. In *Beziehung* ist die Liebe zum Menschen enthalten, es geht um liebevolles, förderndes und forderndes, umsorgendes, manchmal überforderndes sich miteinander Auseinandersetzen. In der *Begeisterung* zeigt sich die Liebe am Tun, an Erfahrungen, zu einer Sache, zu bestimmten Themen.

Lassen sich sämtliche genannten Aspekte, nämlich Beziehung, Liebe, Begeisterung in der Differenziertheit des Lebens miteinander verbinden, so sind die positivsten Voraussetzungen für ein erfüllendes und erfülltes sowie selbstbestimmtes Leben und Lernen gegeben.

Doch was tun, wenn negative bzw. weniger fördernde motivierende Erfahrungen gegeben sind, wenn kognitive Potenziale aufgrund von Funktionsbeeinträchtigungen nicht sofort genutzt werden (können) oder die kognitive Verarbeitung andere Wege nimmt? Wie kann hier Raum für Begeisterung geschaffen und/oder erhalten werden? Wenn Inhalte gerade der institutionellen Bildungsräume nicht verstanden werden können, oder in anderer Art und Weise gelernt werden, sind oft rasch formale Bildungsziele gefährdet. Viel zu selten stellt man die Frage, worin die Gründe dafür liegen. Wie wirkt sich diese Situation wiederum auf Beziehung und Begeisterung aus? Leidet die Beziehung, weil das Kind enttäuscht? Leidet das Kind, weil für seine Form des Lernens möglicherweise zu wenig/kein Raum gegeben ist, weil es nicht so gesehen wird, *wie es ist*, sondern *geformt* werden soll? Wo sind die Möglichkeiten positive und begeisternde Lernerfahrungen zu machen?

Hinzu kommt noch, wie die jeweils subjektive Form und Fähigkeit zu lernen bewertet wird; ob der Vergleich mit der ‚sogenannten besseren Leistung' als wiederkehrende Frustration erfahren wird. Gerade Kinder mit Beeinträchtigungen oder Behinderungen zeigen hier das häufig entmutigende Zusammenspiel von beziehungs- und somit raumgestaltenden Elementen in Bezug auf ihre individuelle Leistungsfähigkeit auf. Werden etwa vorgegebene Bildungsziele nicht/anders/nur teilweise erreicht, so wird in vielen Fällen unter dem ‚Deckmantel' besonderer pädagogischer Förderung eine Etikettierung der Kinder vorgenommen. Kinder werden bspw. in besondere Schulen (Sonderpädagogische Zentren) oder Klassen vermittelt, weil sie dort vermeintlich besser gefördert werden können. Die Nutzbarkeit von Räumen sowie die Gestaltung von Beziehungen ändern sich damit für die Kinder in elementarer Weise.

Dabei spielt die Akzeptanz des *Andersseins* eine elementare Rolle, eine Herausforderung, die sich an alle beteiligten Personen richtet. Gelerntes in individualisierten Gemeinschaften anwenden lassen, Möglichkeiten schaffen, etwas Bedeutsames zu leisten, all dies ist mit unterschiedlichsten Fähigkeiten möglich und kann Räume schaffen, in denen Kinder mit Begeisterung Erfahrungen machen können. Damit werden sie sowohl in ihrer Einzigartigkeit als auch in ihrer Bedeutung für die Gemeinschaft gesehen (vgl. Hüther, 2013).

Wie also kann Begeisterung erhalten werden und wachsen? Begeisterung stützt sich, wie bereits erwähnt, auf positive Erfahrungen und Beziehungsrückmeldungen (bspw. Sport, Musik etc. als begeisterndes Thema im unmittelbaren sozialen Umfeld). Die Annahme, dass jedes Kind mit Begeisterung lernen und in positiver Resonanz und Beziehung mit den primären Bezugspersonen leben will, gilt für alle Kinder, ebenso für jene Kinder mit Beeinträchtigungen. Ihre Resonanz ist möglicherweise anders als erwartet, ebenso verhält es sich mit Begeisterung.

Werden aber die Lernerfolge dieser Kinder häufig als ‚schwächer' bewertet, so erfolgt damit gleichzeitig eine Abwertung der Person. Um allen Kindern in ihrer Individualität gerecht werden zu können, ist laufende kindbezogene Auseinandersetzung und Reflexion der eigenen Begeisterungsfähigkeit erforderlich.

Zahlreiche Methoden von ressourcenorientiertem Denken und Arbeiten liefern dazu Handwerkszeug. Als Beispiel wird hier der Unterstützungskreis genannt, welcher die zentrale Säule von personenzentrierter Zukunftsplanung darstellt. Wenn eine Gruppe von Menschen, welche in positiver Beziehung mit einem bestimmten Menschen steht, genau über diese und mit dieser Person Qualitäten sammelt, so entsteht ein organisierter positiv besetzter *Beziehungsraum*, ein *Ressourcenraum*, welcher primär für die Hauptperson, aber auch für alle anderen beteiligten Menschen, wertvoll und begeisternd sein kann. Durch das Schaffen von begeisterungsfördernden Räumen, durch Überdenken von Bewertungskategorien und das Hinterfragen allgemeingültiger Leistungsdefinitionen können für alle Kinder – unabhängig, ob eine Behinderung vorliegt oder nicht – positive Lebens- und Lernerfahrungen ermöglicht werden.

Lern- und Bildungsräume und ihre Routinen

Routinen bestimmen schon früh die Lebensräume von Kindern: Jene, die sie aufgrund ihrer Grundbedürfnisse selbst vorgeben und jene, die ihre unmittelbaren Bezugspersonen, wie z. B. die Eltern vorgeben. In einem beträchtlichen Ausmaß werden diese wiederum durch Gegebenheiten beeinflusst, welche in kultureller Herkunft, sozialer Schicht, Bildungsnähe etc. begründet liegen. Die darin enthaltenen Determinanten wirken stark auf sämtliche Entwicklungsräume. Routinen können Klarheiten schaffen, Räume definieren, jedoch auch einengend und hemmend wirken. Als allseits bekannte Beispiele seien hier die Bildungseinrichtungen Kindergarten und Schule genannt.

In seinen ersten Lebensjahren erlernt ein Kind in Beziehung zu seinem sozialen Umfeld seine persönliche ,*Lernkultur*'. Ab einem bestimmten Lebensalter bestimmen plötzlich Vorgaben von institutionellen Bildungsräumen wie Kindergarten und Schule, wie Lernen zu geschehen hat. Das Kind bringt seine bisherigen Lernerfahrungsprozesse, seine Begeisterungserfahrungen in die institutionellen Räume mit, welche sich in Art und Weise gänzlich von jenen unterscheiden können, auf die das Kind nun trifft.

Lernen erfolgt nun in einer Gruppe, ein Klassenverband definiert den neuen Lernraum im institutionellen Rahmen. Lernen in Homogenität in Bezug auf Alter und definierte Bildungsziele wird angestrebt. Gleichzeitig erfolgt Lernen in der selbstverständlichen Heterogenität der Unterschiedlichkeit der Schüler sowie der Lehrer. Im Laufe der Schuljahre wird dies immer differenzierter in Bezug auf wechselnde Personen und unterschiedlichste Lernerfahrungen. Zahlreiche sehr ‚individuelle Lernprogramme' können aufeinander treffen und sich befruchten. Homogenität und Heterogenität in laufendem Wechselspiel. Trotz offensiver pädagogischer Weiterentwicklung von vielen engagierten Lehrern ist das Streben nach Homogenität in Schulsystemen stark verbreitet. Die institutionellen Räume sind in dieser Thematik schwer veränderbar (vgl. Roth, 2011, S. 29ff). Wer passt am besten wohin, wer ‚landet' in welcher Schule, wird auch heute noch häufig gefragt.

Erleben Kinder, dass sie nicht in ihrer Einzigartigkeit wahrgenommen werden und etwas leisten können, so werden sie lustlos und mittelmäßig. Eltern und Lehrer müssen einladen und ermutigen, damit Kinder ihre Potenziale entfalten können. Gelingt es, Funken der Begeisterung zu streuen und daraus Glut entstehen zu lassen, so können Kinder zu freien und selbstbestimmten Akteuren des eigenen Lebens werden (vgl. Hüther, 2013).

Zwei Fachmeinungen[1] zum Lernen in der Schule sollen an dieser Stelle Einblick in die Sichtweisen jener Zielgruppe gewähren, für die diese Zeilen gedacht sind.

„Lernen macht dann Spaß, wenn es für mich interessant ist, wenn es mir leicht fällt, weil es mich interessiert. Wenn ich etwas gut kann, ist es lustiger zu lernen. Es ist nicht gut, wenn ich zu viele Dinge gleichzeitig machen muss, dann habe ich zu wenig Zeit und ich kann nicht alles machen. Ich lerne gerne mit meinen Schulkollegen, manchmal lerne ich aber auch gerne alleine. Mir ist wichtig, was meine Lehrerin von mir denkt. Wenn mich etwas interessiert, schaue ich selber drauf, dass ich immer was dazulerne. Beim Fußball schaue ich mir jeden Tag die Ergebnisse an, weil es mich interessiert und mein Lieblingsverein in der Liga ist. Neue interessante Dinge sehe ich bei jemand anderem. Am liebsten lerne ich in der Schule im Sachunterricht über Österreich und Natur. Außerdem schreibe ich gerne Aufsätze, das mache ich gerne alleine. Eigentlich lerne ich alles gerne" (Christian, 10 Jahre).

---

[1] An dieser Stelle herzlichen Dank an meine beiden Neffen für ihre Experten-Sichtweisen.

„Wenn mich etwas interessiert, passe ich besser auf und merke mir alles schneller (dann muss ich zu Hause weniger lernen). Ich lerne am liebsten mit den anderen in einem freundlichen Raum mit viel Licht und Ruhe. Wenn ich irgendwo etwas mitgekriegt habe und später lernen wir in der Schule etwas dazu, dann ist das voll interessant. Ich lerne auch gerne mit Erwachsenen, die sich gut mit etwas auskennen. Am liebsten lerne ich mit Menschen, die ich kenne, nicht mit wildfremden Menschen. Zum Lernen motiviert mich, wenn ich etwas besonders gut kann, wenn mir jemand etwas zutraut, wenn ich mir damit einmal Sachen leisten kann, die ich will. Dann macht mir das Lernen Spaß. Über gute Freunde, über meine Eltern und durch Zufall stoße ich auf Dinge, die mich interessieren. Für das Lernen möchte ich mir Zeit lassen können, aber auch schnell weiter kommen. Beim Lernen brauche ich auch Pausen. Ich lerne gerne, wenn wir etwas erzählt bekommen, ich erarbeite mir aber auch gerne etwas mit meinen Schulkollegen oder mit der Mama. Manchmal ist das Lernen auch langweilig, wenn es mich nicht interessiert, wenn ich müde bin, wenn ich lieber etwas anderes machen würde. Beim Lernen möchte ich mir einen Weg zu einem Ziel suchen" (Daniel, 13 Jahre).

Schlussbemerkung

In der Zusammenschau, der in diesem Beitrag dargestellten Aspekte und der Meinung von Kindern selbst, bestätigt sich die zentrale Bedeutung des Ineinanderwirkens von Lernen als angeborenes Streben, von Beziehung als raumgebende und -gestaltende Größe sowie von Begeisterung und Liebe als zentraler Motor von Lernprozessen. Neurobiologische Erkenntnisse, pädagogische Erfahrungen und praktische Beschreibungen erläutern vergleichbare Prozesse und Schwerpunkte, eine Ausgangslage, welche für die Zukunft konstruktiven Boden aufbereitet und wertvolle Grundlagen für die aktuellen und zukünftigen Herausforderungen schafft. Die Auseinandersetzung mit diesen Themen und das Vertrauen in die positiven Gestaltungsmöglichkeiten soll ebenso für die Kinder wie auch für Eltern und Lehrer Räume schaffen, damit sie ihr Leben und Arbeiten mit Kindern mit Begeisterung und Motivation gestalten können. Denn:

Jedes Kind kommt mit dem Bedürfnis zu lernen auf die Welt. Lernen bedeutet, sich die Welt in all ihren Möglichkeiten und Räumen anzueignen. Beziehung und Vertrauen sind die zentralen Voraussetzungen für erfolgreiches Lernen.

Begeisterung und Liebe – beide gestalten sie die lebenslangen Lernprozesse und -räume. Die Herausforderung liegt darin, Kindern diese

Räume zu bieten, zu schaffen und zu erhalten, damit sie ihre Potenziale entfalten, sich in ihrer Einzigartigkeit erleben und ihre Beiträge zur Gemeinschaft leisten können.

Literatur

Bauer, Joachim (2008). Prinzip der Menschlichkeit. Warum wir von Natur aus kooperieren. Hamburg: Hoffman und Campe.
Fischer, Dieter (2012). Sometimes I pretend to be normal. But it gets boring. So I go back being me. Lebenslanges Lernen in Begegnung mit (geistig) behinderten Kindern und Jugendlichen als Basis für gelingende Inklusion (Kongress ‚Inklusive Bildung exclusive. Lebenslanges Lernen mit Behinderung'). Bruck an der Mur (Broschüre).
Hüther, Gerald (o. J.). Begeisterung ist Doping für Geist und Hirn. Neue Erkenntnisse der Hirnforschung. Wie Eltern lernen können, sich selbst und ihre Kinder zu begeistern. Verfügbar unter: http://www.gerald-huether.de/populaer/veroeffentlichungen-von-gerald-huether/texte/begeisterung-gerald-huether/index.php
Hüther, Gerald (2013). Wie man Kinder und Jugendliche inspirieren kann (Interview). Verfügbar unter: http://schule-des-lebens-hamburg.de/exklusiv-sdl-im-interview-mit-prof-dr-dr-gerald-huether
Roth, Gerhard (2011). Bildung braucht Persönlichkeit. Wie Lernen gelingt. Stuttgart: Klett-Cotta.
Roth, Gerhard (2012). Lebenslanges Lernen aus Sicht der Hirnforschung (Vortrag – Kongress ‚Inklusive Bildung exclusive. Lebenslanges Lernen mit Behinderung'). Bruck an der Mur.
Spitzer, Manfred (2006). Lernen. Gehirnforschung und die Schule des Lebens. Heidelberg: Spektrum.

Schule als Flucht und Zufluchtsort oder: „Gib mir Raum, sonst nehm' ich ihn mir!"
Schulische Freiräume

Harald Schwarz

Schule als Raumerfahrung – eine Annäherung

Schule an sich ist zweifelsohne ein ganz besonderer Raum! Alleine schon die Tatsache, dass – bis auf wenige Ausnahmen – jeder Mensch viel Zeit (sogar verteilt auf mehrere Jahre) in diesen Räumen verbringt oder verbracht hat (mitunter mehr als mit der eigenen Familie!) unterstreicht diese Besonderheit. Die „Treibhäuser der Zukunft" (vgl. Kahl, 2004) repräsentieren auch durch die gebäudetechnischen Gegebenheiten, als räumliches Sinnbild, eine außergewöhnliche Stellung im Leben jedes menschlichen Individuums.[1]

So unterschiedlich die Erfahrungen darin und damit auch sein mögen, ist es doch ein Raum, der uns allen gemeinsam als öffentlicher Raum ‚gehört' und als Ort eine Verbindung von Vergangenheit und Zukunft vermittelt.

Ehe nun auf verschiedene Aspekte der speziellen Raumempfindungen und -erfahrungen eingegangen wird, erfolgen vorab zwei Einladungen, sich diesem besonderen Raum unter bestimmten Gesichtspunkten (erneut) anzunähern:

---

[1] Dies gilt naturgemäß – mit Einschränkungen – auch für andere institutionalisierte Erziehungs- oder Pädagogische Räume wie Kindergärten o. Ä.

Eintritt als Reise durch Zeit und Raum

Da schulische Räume zumeist mit sehr starken Emotionen verknüpft sind, stellen Sie sich bitte folgende Situation als Zeitreise vor.

Sie betreten nun wieder, wie zum ersten Mal ihre eigene Schule. Sie sind aufgeregt, vielleicht ängstlich, vielleicht freudig erregt, wahrscheinlich verunsichert. Das Schultor, die ersten Stufen ... ‚Die Schule' hat einen bestimmten Geruch, den Sie vielleicht sogar jetzt abrufen können, ebenso wie ‚Weihnachten' oder ein Spital einen Geruch hat, der immer wieder abgerufen werden kann, weil er mit starken Emotionen verknüpft ist.

Sie haben die ersten Stufen erklommen oder sind leichtfüßig bestimmt jedoch neugierig hinauf spaziert, das Ambiente ist bunt einladend oder abstoßend angegraut, vielleicht sogar verschmutzt.

Ein weiterer Sinneseindruck wird sich einbringen, die akustischen Gegebenheiten, dringt Kinderlärm an Ihre Ohren, oder ist es gerade gespenstisch ruhig, schrillt vielleicht sogar eine Glocke? Strahlt das alles hektische – eventuell sogar chaotische – Betriebsamkeit aus oder merkt man bereits eine geordnete, bestimmte Reglementierung im Geschehen? Sie sehen nun die ersten Personen in der Schule, die dort schon heimisch sind. Freudige Kindergesichter oder angestrengt suchende Blicke? Erwachsene mit einem Lächeln im Gesicht oder undurchsichtige, getragene Mimik? Man kann noch nichts zuordnen, alles ist fremd, einige scheinen sich in dem Gefüge auszukennen, alle anderen sind verunsichert.

Diese Eindrücke sind fest verankert und praktisch unauslöschlich in Ihr Gedächtnis eingebrannt, sie können bewusst abgerufen werden, wie vielleicht gerade eben, oder tauchen unbewusst einfach so auf, wenn Sie in einer Zeitung zufällig das Wort ‚Schule' lesen oder waren als Assoziation vorhanden, als Sie die Artikelüberschrift gelesen haben.

Der Zugang in den schulischen Raum und ein (leider) möglicher Ausgang

Nun folgt ein Gegengewicht zum individuellen, privaten Zugang in die Schule, ein literarischer Befund eines Schriftstellers, der die Eingrenzungen und Beschneidung der Freiräume, die sich durch Schule ergeben kann, thematisiert.

Erich Kästner: Ansprache zu Schulbeginn

Liebe Kinder,
da sitzt ihr nun, alphabetisch oder nach der Größe sortiert, zum erstenmal auf diesen harten Bänken, und hoffentlich liegt es nur an der Jahreszeit, wenn ihr mich an braune und blonde, zum Dörren aufgefädelte Steinpilze erinnert. Statt an Glückspilze, wie sich's eigentlich gehörte. Manche von euch rutschen unruhig hin und her, als säßen sie auf Herdplatten. Andre hocken wie angeleimt auf ihren Plätzen.
(...) Euch ist bänglich zumute, und man kann nicht sagen, dass euer Instinkt tröge. Eure Stunde X hat geschlagen. Die Familie gibt euch zögernd her und weiht euch dem Staate. Das Leben nach der Uhr beginnt, und es wird erst mit dem Leben selber aufhören. Das aus Ziffern und Paragraphen, Rangordnung und Stundenplan eng und enger sich spinnende Netz umgarnt nun auch euch. Seit ihr hier sitzt, gehört ihr zu einer bestimmten Klasse. Noch dazu zur untersten. Der Klassenkampf und die Jahre der Prüfungen stehen bevor. Früchtchen seid ihr, und Spalierobst müsst ihr werden! Aufgeweckt wart ihr bis heute, und einwecken wird man euch ab morgen! So, wie man's mit uns getan hat. Vom Baum des Lebens in die Konservenfabrik der Zivilisation – das ist der Weg, der vor euch liegt. Kein Wunder, daß eure Verlegenheit größer ist als eure Neugierde. (...) Damit wären wir schon beim wichtigsten Rat angelangt, den ihr euch einprägen und einhämmern solltet wie den Spruch einer uralten Gedenktafel:
Lasst euch die Kindheit nicht austreiben! Schaut, die meisten Menschen legen ihre Kindheit ab wie einen alten Hut. Sie vergessen sie wie eine Telefonnummer, die nicht mehr gilt. Ihr Leben kommt ihnen vor wie eine Dauerwurst, die sie allmählich aufessen, und was gegessen worden ist, existiert nicht mehr. Man nötigt euch in der Schule eifrig von der Unter- über die Mittel- zur Oberstufe. Wenn ihr schließlich droben steht und balanciert, sägt man die ‚überflüssig' gewordenen Stufen hinter euch ab, und nun könnt ihr nicht mehr zurück! Aber müßte man nicht in seinem Leben wie in einem Hause treppauf und treppab gehen können? Was soll die schönste erste Etage ohne den Keller mit den duftenden Obstborten und ohne das Erdgeschoß mit der knarrenden Haustür und der scheppernden Klingel? Nun – die meisten leben so! Sie stehen auf der obersten Stufe, ohne Treppe und ohne Haus, und machen sich wichtig. Früher waren sie Kinder, dann wurden sie Erwachsene, aber was sind sie nun? Nur wer erwachsen wird und Kind bleibt, ist ein Mensch.

Wer weiß, ob ihr mich verstanden habt. Die einfachen Dinge sind schwer begreiflich zu machen" (Kästner, 1969, S. 180f, gekürzt vom Verf.).

Dieser Befund aus dem vorigen Jahrhundert stimmt bedenklich und ist bemerkenswert, vor allem weil er – mit Einschränkungen – auch heute noch teilweise Gültigkeit besitzt. Ebenso bedenklich stimmt jedoch der Umstand, dass Schulkomplexe und Schulgebäude immer noch so geplant werden, wie im vorvorigen Jahrhundert! Die harten Schulbänke sind vielleicht schon ergonomisch angepasst (wenn das Budget reicht), aber die Grundkonzeption: Gang – links und rechts Klassenzimmer – Turnsaal – Konferenzzimmer – Direktion (im Idealfall zusätzlich noch Sondersäle für Naturwissenschaften, Musik etc.). In den meisten Schulen gibt es mittlerweile sogar Räume für eine Nachmittagsbetreuung und/oder ganztägige Schulformen.

Nur! Diese wurden nicht ursprünglich mitgeplant, sondern sind durch Beschneidungen von anderem Raumbedarf geschaffen worden oder durch die Umfunktionierung von ‚Besenkammern' kurzerhand einer neuen Bestimmung zugeführt worden.[2] Alles, auch die Räume, wird so angepasst, wie es halt ‚zu sein hat'! Ist das wirklich noch zeitgemäß, oder funktionell oder den Bedürfnissen einer Schule adäquat?

Hieraus ergibt sich in Folge die Frage, was kann Schule (architektonisch, mit Rahmenbedingungen, vielleicht kleinen einfachen Maßnahmen) erreichen, dass es nicht zu diesen extremen Ausformungen, wie zuvor angeführt, kommen muss.

In den folgenden Kapiteln soll – unter anderem – exemplarisch dargestellt werden, dass sich Kinder und Jugendliche ohnehin – auch unter Zwang nicht – um verordnete Zuordnungen kümmern, sondern Räume/Räumlichkeiten oder einfach vorhandene Nischen immer schon für ihre Bedürfnisse verändern oder nutzen!

---

[2] So gibt es z. B. in Österreich noch etliche Schulen, wo die Schüler ihr Mittagessen in einem Klassenraum und/oder an eigentlich für Lernsituationen vorgesehenen Tischen einnehmen müssen!

Der besondere, wichtige Raum

Man kann es sich (kaum) aussuchen, in den Raum ‚Schule' einzutreten. Es gilt die Schulpflicht, diese ist bis auf wenige Ausnahmen glücklicherweise auch sehr nützlich bezüglich Persönlichkeitsentwicklung und Erfahrungen mit der gesamten Gesellschaft. Auch wenn als Extrembefunde: „Entfremdende Schulen ... rücksichtsloses, asoziales und gewaltbereites Verhalten" hervorbringen und „dadurch Lebensfreude, soziales Lernen, Persönlichkeitsentfaltung und kreative Neugier" verhindern (Kirchmayr, 2009, S. 154).

Schule ist, unter welchen Rahmenbedingungen auch immer, vor allem ein Begegnungsraum! Im weitesten Sinne ist das „In-der-Welt-Sein" (nach Heidegger, 2007) immer auch ein Mit- oder Nebeneinander, ein ‚Koexistieren', ein ‚Teilen eines gemeinsamen Raumes'. Hier kommen verschiedene Personen zusammen, mit unterschiedlichen Intentionen, Voraussetzungen und Zielen. An diesem Ort herrscht eine besondere Dynamik, die die institutionalisierten Lehr- und Bildungsziele beeinflusst und teilweise überlagert. Einige Beispiele sollen dies verdeutlichen:

In den Räumlichkeiten einer Schule werden Beziehungen aufgebaut, geschmiedet, verworfen oder verfestigt. Es wird kennengelernt, gelacht, geweint. Man tauscht sich über Privates aus und erfährt viel über andere Lebenswelten und -umstände.

Lebenslange Prägungen und Bindungen (auch zur ‚Schule selbst') werden gebildet. Dies alles ist nicht per se negativ besetzt!

Ein einfacher Beleg dafür ist in dem Umstand begründet, dass sehr viele Personen, die bereits die Schule verlassen haben (sei es frühzeitig wegen Abbruch oder Schulwechsel, sei es wegen eines regulären Abschlusses) immer wieder die Nähe des bekannten Raumes aufsuchen. Nach Unterrichtsschluss wird auf ehemalige Kollegen gewartet, bei Schulkonzerten, Schulfesten, Tagen der offenen Türen findet man mitunter mehr Ex-Schüler als andere Besucher vor. Ja selbst an unterrichtsfreien Tagen wird die Schule bzw. der Platz vor der Schule als Treff- bzw. Ausgangspunkt für weitere Aktivitäten genutzt.

Auch wenn niemand gerne Souveränität aufgeben, Entscheidungsfreiheiten verlieren oder Zwängen ausgesetzt sein will, bringt dieser teilweise Verzicht auf individuelle Freiheiten im Grunde nichts anders als eine enorme Erweiterung der individuellen Handlungsmöglichkeiten und -fähigkeiten! All dies vollzieht sich in vorgegebenen Rahmenbedingungen, die einerseits durch theoretische Bildungsziele und andererseits durch räumliche Gegebenheiten bestimmt werden.

Als Nebenbemerkung zu diesem besonders wichtigen Raum sei noch darauf hingewiesen, dass ‚Schule' vom griechischen Wortursprung (scholé) her ‚Rast, Muße, (gelehrte) Unterhaltung' bedeutet. Ein wenig Umdenken sowie vor allem Gelassenheit (vgl. Kirchmayr, 2009, S. 140) scheint somit im Umgang in und mit dieser Institution wohl angebracht!

Im Großen und Ganzen gelingt dies auch sehr gut, aber könnte es nicht noch besser, im Sinne aller Beteiligten erreicht werden?

Abschließend sollte noch angemerkt werden, dass es ‚die Schule' nicht gibt, sondern nur die individuellen Erfahrungen damit, die so verschieden sind/sein können, wie alle Personen, die diesen Raum teilen oder teilten, eben machen oder gemacht haben.

Das heißt resümierend und ergänzend zur eingangs aufgestellten Behauptung, dass Schule immer ein gemeinsamer Raum – im Sinne eines universellen Raums[3] – ist. Zugleich ist sie ein zutiefst individueller Raum, gespeist aus persönlichen Erfahrungen und Prozessen, die ihn über den öffentlichen Raum hinausheben und somit zu einem privaten, also in weitestem Sinne wieder freien und befreienden Raum werden lässt.

Die Schule als besonderer Raum ...

... gehört uns!

Es begann so:

Schon 5 Minuten vor Unterrichtsende wurden die ca. 5 x 2 x 3 cm großen quaderförmigen Sessel- und Kantenschoner vom Schulmobiliar entfernt. Diese allgemeine Unruhe blieb von den Lehrkräften zwar nicht unbemerkt, die Ursache konnten sie aber nicht ausmachen. Falls sich widerspenstige immer schwarzfarbige Plastikteile nicht vom Schulmobiliar trennen ließen, gab es schnell hilfreiches Werkzeug in der Gestalt von Zirkel, Geodreieck oder der scharfen Kante einer Schere, mit Hilfe derer sich der Schoner zu einem Fußball umfunktionieren ließ! Jetzt bedurfte es nur noch zweier Schulsessel (ob mit oder ohne Schoner war schon völlig egal), diese

---

[3] Geht es Ihnen auch so? In anderen Städten, fremden Ländern ertappen Sie sich beim Betrachten eines bestimmten Gebäudes dabei, dass Sie denken: ‚Das ist bestimmt eine Schule!'

wurden im hinteren Klassendrittel so positioniert, dass der eine Sessel an der Wand zum Gang, der andere ca. 10 m gegenüber an der Fensterreihenwand positioniert wurde. Die ‚Besitzer' der letzten Bankreihen waren schon instruiert, so schnell wie möglich nach vorne zu rutschen, um das Spielfeld zu vergrößern (ebenso regelmäßig wurden sie von der nach der Pause unterrichtenden Lehrkraft aufgefordert, doch mit den Tischen wieder möglichst weit nach hinten zu rutschen, damit man ‚nicht an der Tafel erdrückt wird'!. Die Raum- und Materialtransformation hatte nur einen Zweck: einen Freiraum für wenige Minuten zu schaffen, in dem es möglich wurde Zweikämpfe zu führen, Teams gegeneinander antreten zu lassen, einfach Emotionen freien Lauf zu lassen.

Der schwarze Schoner, ursprünglich eigentlich als Verletzungs- und Bodenschutz konzipiert, wurde zweckentfremdet, in einem umdefinierten Raum verwendet, er wurde zu einem Fußball auf einem reduzierten Fußballfeld (mit zweckentfremdenten Sesseln/Toren) umfunktioniert. Wachposten wurden positioniert, damit die Pausenaufsicht nicht frühzeitig eine Zurückverwandlung einfordern konnte, ein sehr hoher Organisationsgrad innerhalb einer Gruppe differenzierte sich heraus, der sich bei anderen schulischen Belangen nicht einmal ansatzweise wiederholen ließ.

Die Folgen lagen auf der Hand und wurden überraschenderweise oder (vielleicht doch nicht überraschend) hingenommen. So gab es halbherzige Versuche seitens der Lehrerschaft dies zu unterbinden, seitens der Schüler wurde stillschweigend hingenommen allfällige Spuren (schwarz gefärbte Fußböden) mühselig zu reinigen und auch andere Sanktionen hinzunehmen.

Oder: Eine dunkle Kellernische wurde monatelang als Treff- und Verabredungspunkt vor Unterrichtsbeginn genutzt. Niemand nahm Kenntnis davon, weil die Schüler dort unbemerkt einfach plauderten, nichts ‚anstellten' und pünktlich zu Unterrichtsbeginn diesen Raum wieder verließen.

Selbst Toiletten werden frequentiert, um etwas zu besprechen, um (von Lehrpersonen) ungestört wichtige Dinge zu besprechen.

Stiegenabgänge zu kaum benutzten Nebenräumen können in größeren Pausen zu gemeinsamen Spiel- oder Zeichentischen umfunktioniert werden, um sich auch mit Schülern aus anderen Klassen zu treffen.

Schüler nehmen und nahmen sich immer schon ‚ihre' Räume und besetzen diese. Je weniger Möglichkeiten es gibt sich mit Räumen und Nischen zu identifizieren, desto mehr Probleme mit Lehrern/der Schulverwaltung/Schulwarten usw. wird es geben!

Daher ist es notwendig – auch bei bestehenden Strukturen den Schülern unbedingt Freiräume zu gewähren! Ansonsten wird sich eine Eigendynamik entwickeln (Schmierereien, Vandalismus, Streitereien unter Peergroups um eventuell noch vorhandene und erlaubte Aufenthaltsnischen), die nicht mehr kontrollierbar ist und nur über dem Schulklima nicht dienliche Sanktionen handhabbar wird.

... hat eine Aufgabe und eine Funktion

Im funktionalen Gebäude, das ein Schulgebäude als institutionalisierter Raum ja darstellt, müssen Räume (permanent oder auch nur stundenweise) immer wieder auch andere als ihre ursprünglich zugewiesenen Bestimmungen übernehmen, um Strukturen zu geben und die Gesamtfunktion überhaupt erst zu ermöglichen!

So darf oder muss im Anlassfall eine Garderobe kurzerhand zum Besprechungsraum, eine Gangfläche zum Lernraum, ein Stiegenhaus zum (organisierten) Bewegungsraum, eine Klasse zu einem Plenarraum werden.

Die Aufgabe einer Schule definiert sich mitunter auch dadurch, dass sie einen (frei nach Pascal) „Schutz vor der Unendlichkeit der Räume gewährt". Dazu bedarf es unter anderem einer Sicherheit von wiederkehrenden Abläufen, eindeutigen Regelungen und Raumfunktionszuweisungen. Gelingt dies nicht, kommt es unweigerlich zu Ängsten und Unsicherheiten, die sich in tagtäglichen Konflikten oder als Gegensatz in Verschlossenheit und Rückzug ihren Ausdruck finden können. Man wird sehr schnell Situationen identifizieren können, die in Kafkas „Der Process" oder „Das Schloss" die Protagonisten belasten.

Hier sei noch einmal klar formuliert, dass Schule eine zentrale Funktion hat, nämlich die Vermittlung von Wissen als Zweck einer Erlangung von Selbständigkeit! Diesem Prinzip müssten in der Praxis alle Funktionen der Schule bis hin zu realem und ideellem Raumkonzept untergeordnet sein!

... gehört niemandem!

Als Gegenbehauptung zu den Eingangsüberlegungen dieses übergeordneten Kapitels und entgegen der Tatsache, dass es immer wieder Bemühungen von verschiedenen Personen oder Gruppierungen gibt, ‚die Schule' für sich zu vereinnahmen (Lehrer, Direktion, Verwaltung etc.), seien nun folgende Überlegungen angeführt:

Schule kann zumindest keinen physischen Personen gehören, da sich die Räumlichkeiten immer dadurch definieren, wie sie genutzt werden und diese Nutzung unterliegt einem permanenten Wandel! Stundenplan, der sich auch innerhalb von Monaten ändern kann – Krankenstände, Schwangerschaften, tagtägliche Begleitumstände o. Ä. – oder einfach auch nur Anforderungen, die sich aus einem gesellschaftlich-technischen Wandel ergeben. So gab es vor 1990 eigentlich kaum Räumlichkeiten, die für die Informatik vorgesehen waren, aber plötzlich notwendig wurden, also wurden bislang anders genutzte Räume zwangsweise – oft mehr schlecht als recht – umfunktioniert. Das Phänomen ‚Wanderklassen' – d. h. Schulklassen, die eigentlich keinen eigenen Klassenraum kennen müssen sich den ‚Stammraum' mit anderen Klassen teilen – taucht auf, da sich die Anforderungsnormen (Klassenschülerzahlen, Raumbedarf an Sondersälen) ändern, die architektonischen Gegebenheiten aber nicht! Die Notwendigkeit des Platzbedarfes wird zwangsläufig über Bedürfnisse, resultierend aus der Aufgabe und Funktion, bestimmt, aber auch aus der nicht zu vernachlässigbaren Notwendigkeit einer Identifikation mit bestimmten Räumen bzw. dem gesamten Raumkonzept.

Schule gehört weder Schülern oder Eltern, noch Lehrern oder – wie auch schon vorgekommen – dem Schulpersonal in Form von Schulwarten, sondern wird immer über die jeweilige Aufgabe und Funktion definiert und diese ist andererseits auch am Umgang mit dem schulischen Raum ersichtlich (oder auch nicht, wenn Aufgabe und Funktion diffus bleibt). Wenn Übereinstimmungen zwischen Funktion und Bedürfnissen erzielt werden können, entstehen Identifikationsprozesse als Alternativen zu ‚Besitzansprüchen'!

Schule als Grenze

In Anknüpfung an vorangegangene Kapitel soll nun, nach einer vertiefenden Betrachtung der schulischen Grenzziehungen, beispielhaft eine Übereinstimmung zwischen Funktion und Bedürfnis erläutert werden:

Jede Schule ist zugleich eine Grenze. Nach Überschreitung dieser Grenze, im Sinne einer neuen Erfahrung, dass nichts mehr so sein wird, wie zuvor, da es sich um eben ‚grenzwertige' Erfahrungen handelt (vgl. Liessmann, 2012, S. 8), die – im besten Wortsinn – krisenhafte Situationen bedeuten und in Überwältigung von Krisen münden (sollen)! Was soll das wohl bedeuten?

Wie ist es Ihnen – wiederum rückblickend – an ihrem ersten Schultag ergangen, oder vielleicht später anders herum oder nachempfindend am ersten Schultag Ihrer Kinder? War da nicht so etwas wie enorme Verunsicherung und ein großes Bedürfnis Vertrautes sehr nahe bei sich haben zu wollen? Eine Schultüte, Anfangsgeschenke, tröstende Worte mochten wohl die grundsätzliche Neugier auf die schulischen Räumlichkeiten steigern, das Unsicherheitsgefühl aber möglicherweise nur oberflächlich übertünchen. Was wird sich wohl tatsächlich hinter dieser Grenze verbergen? Werden die Erzählungen zutreffen oder wird es dort ganz schrecklich sein? Auf jeden Fall waren Sie selbst (mit ‚Leidensgenossen'), nach der Überquerung ziemlich auf sich selbst gestellt, vielleicht so gefordert in neuen Räumen, wie noch niemals zuvor!

Versuchen Sie nun einen Blick an das Ende ihrer Schulzeit zu werfen. Fühl(t)en Sie Stolz auf das Geschaffte, sind Sie froh, die schulischen Räume hinter sich lassen zu können (vielleicht mit etwas Wehmut?). Was alle, die die schulische Grenze in zweierlei Hinsicht passiert haben (Ein- und Austritt) vereint, ist die Tatsache, Autonomie gewonnen und eine Entwicklung durchgemacht zu haben! Einen Fortschritt erzielt zu haben, bei dem man vielleicht stark unterstützt wurde, letztendlich wurden aber doch große eigene Schritte gesetzt, innerhalb beschützender Grenzen und übertriebenes Hilfsbedürfnis ausgrenzende Räumlichkeiten. Nach diesen Grenzerfahrungen besitzt man etwas, was andere auch haben oder (noch) nicht haben! Wie kommt es dazu, wie passiert es, wie erobert man sich ‚die Schule'? Um dies noch einmal (diesmal bewusst) nachzuvollziehen ist es notwendig, sich folgender Tatsachen gewahr zu werden:

Jede Grenze schließt ein- und/oder aus, das ist das Wesen jeder Grenze. Wenn man öffentliche Gebäude betrachtet, so wird das besonders augenfällig. Es beginnt bereits im Kindergarten: So ziemlich jeder Kindergarten ist mit einem Türschließer versehen, der so hoch angebracht ist, dass ihn Kinder nicht erreichen können! Der Sinn ist klar, es soll kein Kind unbeaufsichtigt den Kindergartenort betreten bzw. verlassen können und das ist auch gut und äußerst sinnvoll! Die Botschaft aber, die dabei auch vermittelt wird, ist gleichfalls eindeutig: „Hier ist ein Ort, der durch seine Grenzen den freien Zu- oder Austritt reglementiert!"

Die erste äußerliche Grenze des schulischen Raumes ist das Schultor. Hier haben Eltern oder ‚schulfremde Personen' etc. zurückzubleiben Es ist tatsächlich Aufgabe der Schule, Eltern für einen gewissen Zeitraum auszugrenzen! Vielen Eltern fällt es nicht leicht, sich diese Tatsache bewusst zu machen oder sie zu akzeptieren. Doch für die Entwicklung der Kinder und Jugendlichen ist dies notwendig und bietet ihnen einen gewissen Schutzraum, der die Persönlichkeitsentwicklung inkludiert, indem familiale Mitglieder zeitweise exkludiert werden. In künstlerisch, spielerisch übersteigerter Form wird dieses Phänomen z. B. bei ‚Harry Potter' dargestellt. Es gibt in den jeweiligen Realitäten unterschiedliche Raumvorstellungen. Ein anderer Raum, ein anderer Ort, eine andere Situation bedingen voneinander divergierende (Raum-)Vorstellungen, durch die man wie durch eine Grenze getrennt ist.

Die zweite Grenze wäre somit eine zeitliche, indem sich Kinder, die viel Zeit in der Schule verbringen, naturgemäß einen Vorsprung im räumlichen Verständnis der Schule und auch von den Regeln und Abläufen verschafft haben – im Gegensatz zu dieser Grenzen schon entwachsener Personen oder vom schulischen Alltag exkludierter Personen.

Die dritte Grenze stellt eine raumimmanente Trennlinie dar. Diese kann starr oder auch (zeitlich/situationsabhängig) veränderbar sein – existent ist sie immerdar! Sie ist zugleich als eine funktional-‚im-Gebäude-befindliche' zu verstehen. Ziemlich klar und starr ist diese Grenze hin zu den Lehrern vorbehaltenen Räumen wie z. B. zum Konferenzzimmer, welches so gut wie überall für Schüler ein ‚Nicht-Betretungs-Raum' ist. Bezüglich der Direktion gibt es Ansätze einer (zeitweisen) hohen Durchlässigkeit, was sich meist positiv auf das Schulklima auswirkt!

Das Sekretariat ist zeitweise zugänglich und zumeist auch sehr frequentiert, hier wird die Grenze manchmal auch vom Personal aufgebaut.

Es gibt aber auch noch Räumlichkeiten, wie Garderoben, Schülertoiletten, Klassenräume und Buffet, die zumeist (in den Pausen) den Schülern vorbehaltene Räumlichkeiten sind. Daneben gibt es noch Überschneidungsräume wie Gänge, Stiegen, Stockwerke in denen es teilweise unsichtbare Grenzen gibt, die verschiedene Peer- oder altershomogene Gruppen erstellen.

Einen Sonderfall stellen die Schulwart-Räumlichkeiten dar, diese sind oft verschlossen, es besteht eine physische Grenze aus Glas, aber eben keine Sichtbarriere.

Eine weitere Sonderstellung nimmt auch der (so vorhanden) unbetretbare Raum des Spindes ein. Dies ist der privateste und intimste Raum der Schule, in welchem häufig auch Gegenstände, Poster oder Fotos aus dem (häuslichen) Privatleben aufbewahrt werden. Ein Stück ‚eigene Wohnung' wird in die Schule geholt. Sicherheitshalber aber abgesperrt und als gut sichtbares Zeichen der ultimativen Grenze mit einem Schloss versehen!

Schule als Grenze kann offenbar auch heißen, dass Grenzen nicht von vornherein ‚schlecht' sind, sondern offenbar für die individuelle und soziale Entwicklung absolut notwendig sind! Oder anders formuliert: Ohne Grenzen, keine Entwicklung! Waren zuvor Eltern, Lehrer und andere Erwachsene noch als ‚allmächtig' empfunden worden, werden diese Ängste nun hintangestellt, indem man sich mit eigenem ‚Reisepass/Zeugnis' ausgestattet, als ebenbürtig ausweist.

Für die strukturellen Gegebenheiten in der Schule bedeutet dies wohl, dass es transparenter (im doppelten Wortsinn!) Abgrenzungen bedarf! Die Frage ist vielleicht präziser formuliert: Ob die Grenzen so definiert sein müssen wie sie sind, oder ob sie nicht doch auch anders (wenn auch nicht einfacher, aber vielleicht doch friktionsärmer und somit auch mit weniger Verletzungsmöglichkeiten) gezogen und vermittelt werden können? Mit mehr Überschneidungsflächen = Begegnungsflächen wäre vielen Bedürfnissen entsprochen, dazu noch Rückzugsräume und viele Probleme wären im Vorfeld der Entstehung entschärft!

‚Anforderungsprofil' des schulischen Raums?

Die Vermittlung der Fähigkeit und die Ermöglichung Grenzen zu überschreiten ist eine wesentliche Aufgabe der Institution Schule. Dies kann annehmbar nur in Sicherheit gebenden Räumlichkeiten stattfinden. Die (eher) engen familialen Grenzen und Sicherheiten werden aufgegeben und verlassen, daher ist es notwendig (räumliche) Strukturen vorzugeben und vorzufinden, damit sich kein Chaos auftut.

Es ist kein Geheimnis, dass räumliche Gestaltungen und architektonische Gegebenheiten gewisse Tätigkeiten und Umstände fördern oder hindern. Angefangen beim Lernen bis hin zum Auftreten aggressiver Handlungen und/oder Vandalismus. Man möge sich nur vorstellen, wie man sich in einem völlig überhitzten Klassenraum im Dachgeschoss fühlt, während man eine komplexe Rechenaufgabe lösen soll.

Woran es mangelt liegt vielfach auf der Hand und lässt sich bei einem Schulbesuch leicht feststellen:

Es fehlen zumeist moderne zeitgemäße Schulgebäude, Gemeinschaftsräume, Freiräume, Bewegungsräume, Besprechungs- oder besser Begegnungsräume, Freizeiträume, Rückzugsräume, Ruheräume, Austobräume, ganz zu schweigen von Frei- und oder Grünflächen etc., nicht zu vergessen die adäquaten Räume für Lehrer! Der Befund liegt auf der Hand, die Frage ist: Wie damit umgehen? Wie ziehe ich eine Grenze, ohne abzustoßen, wegzuweisen bzw. ohne dass Anarchie zu Tage tritt bzw. Schutzlosigkeit für Schutzbedürftige entsteht?

Grenzüberschreitungen

Grenzen sind dazu da, um ausgelotet und gegebenenfalls überwunden zu werden. Nur durch das Kennenlernen und Überschreiten von Grenzen kann Neues erfahren und somit gelernt werden, wie auch schon in den vorangegangenen Kapiteln ausgeführt. Grenzüberquerungen sind daher (vor allem für das lernende Individuum und somit Kinder und Jugendliche im Besonderen) dringend notwendig. Diese Überschreitungen bergen allerdings auch Gefahren in sich, die es zu minimieren gilt. Eine Möglichkeit dazu wäre, Grenzen so eng zu ziehen, dass kaum Freiräume existieren oder jegliche Grenzannäherungen zu erschweren. Damit erreicht man aber entweder eine scheinbare Sicherheit durch strenge

Reglementierung, und/oder eine weitere Barriere, de facto eine ‚Beschränkung'. Eine andere Möglichkeit: aufgelöste vorschriftsarme Grenzziehungen, die je nach aktueller Notwendigkeit flexibel gestaltet werden können und zu einer Erkundung anderer, transparenter Gefilde ermuntern. Freiräume sind sowohl für das institutionalisierte Lernen an sich, als auch – um wieder mit Kirchmayr (2009, S. 139) zu sprechen – „zum selbstbestimmten Erkunden der Welt" notwendig.

Allerdings darf die Grenzüberschreitungsmöglichkeit nicht als Aufruf zur Umgehung oder Missachtung von sozialen Regeln verstanden werden, das Gegenteil ist der Fall!

Kurzgefasst meint dies: Wo es Grenzen gibt und das ist fast überall so, da müssen auch Freiräume mitbedacht und eingeräumt werden, ansonsten geht man immer an Bedürfnissen von Partnern, Schutzbefohlenen oder autonomen Subjekten vorbei!

Neue Architektur für neue Räumlichkeiten

Allzu leicht könnte man in den Irrglauben verfallen, dass es nur raumplanerisch hier ein wenig umzugestalten und dort ein wenig umzubauen gelte und schon existierte ein brauchbares Raumkonzept an den Schulen. Dem ist aber leider aus mannigfaltigen Gründen nicht so. Abgesehen von planerischen ökonomischen Zwängen, die häufig handlungsbestimmend sind, hinkt das notwendige Umdenken der Entscheidungsträger nach und so wird häufig alter Wein in neuen Schläuchen präsentiert.

Einen, davon abweichenden, interessanten Ansatz stellt die Reggiopädagogik dar, die sich sehr stark mit dem Einfluss der Raumgestaltung auf den pädagogischen Prozess beschäftigt. Die geflügelten Worte vom ‚Raum als dritten Pädagogen' nahmen mitunter hier sehr starke Anleihen! Warum sollen nicht auch Schüler ‚ihre' Schule (mit)planen und (mit)gestalten, wie es noch viel ‚radikalere' Ansichten propagieren und auch umsetzen?

Abgesehen von diesen angeführten theoretischen und (noch) ‚exotischen' Konzepten gibt es bereits sehr positive Aspekte und Ansätze, die eine Art Umdenken in der schulischen Raumplanung anzeigen. Wie folgendes Zitat – anlässlich eines Symposions zu „Aktuellen Trends im Bildungsbau" – belegt:

„Aber ich bin überzeugt, dass Schulbau nur dann gelingen kann, wenn man im Dschungel von Bundesvergabegesetz und Kontrollamtsberichten, Brandschutzbestimmungen und Dienstnehmerschutzverordnungen, Lebenszykluskosten und Kyoto-Zielen nicht das aus den Augen verliert, worum es im Schulbau eigentlich geht: Raum zu schaffen, um Menschen zu stärken. Womit Architektur in ihrer funktionellen, aber auch in ihrer künstlerischen Dimension gefordert ist" (Kühn, 2007, S. 3).

In der Fachliteratur wimmelt es allerdings auch von Fachausdrücken wie ‚Bruttogeschossflächen', ‚Verkehrsflächen' oder ‚Flächenverbrauch pro Schüler' … Erst wenn das technokratische Denken in die allgemeine Sprache übersetzt wird und zum quasinormalen Sprachgebrauch wird, kann von einem Durchbruch und nicht nur von zaghaften avantgardistischen Versuchen gesprochen werden. Die meisten vielversprechenden Konzepte gehen von einer idealen Lernumgebung aus, selten nur wird berücksichtig, dass Schule auch ein Lebens-, Begegnungs- und Rückzugsraum ist! Franz Hammerer bringt es in seinem hier auszugsweise wiedergegebenen Vortrag „Neue Lernwelten – konventionelle Schulhaus-Architektur?" auf den Punkt:

„Die Wertschätzung der Bildung spiegelt sich in den Räumlichkeiten, die wir Kindern und Jugendlichen zur Verfügung stellen, wider. Der Schulraum, seine Beschaffenheit und Gliederung war lange etwas so Selbstverständliches, dass er keinen reflexiven Widerstand bieten konnte, ja er war im Grunde unveränderbar statisch festgelegt und über Baurichtlinien festgemacht. Viele Schulgebäude bestehen nach wie vor aus einer Anzahl gleicher Räume, gerasterter Klassen, davor riesige (und dabei oft nutzlose) Treppenhäuser und weiträumige Gänge, die nur als Verkehrsflächen benützt werden. Die Klassenräume sind in der Regel alle gleich groß (oder gleich klein), meist mit der gleichen Farbe gestrichen, manchmal auch unzweckmäßig belichtet und haben eine uniforme Grundausstattung – praktisch und sauber, mit wenig Ablenkungen, aber auch nicht sehr zum Verweilen einladend. … Wir dürfen uns nicht wundern, wenn der einzige Drang der Kinder und Jugendlichen darin besteht, aus diesen Räumen bald wieder hinauszukommen" (Hammerer, 2008, S. 1).

Dabei läge es auch bei Raumkonzepten scheinbar so einfach und offenkundig auf der Hand:
– Den Menschen in den Mittelpunkt;
– dann das Lernen und Lehren;
– dann die Ökologie
– und zuallerletzt die Ökonomie!

Beispiele für (kleine aber leicht umsetzbare) Freiräume

Da nicht alles neu konzipiert oder -gebaut werden kann, sollen abschließend exemplarisch einige relativ leicht umsetzbare und realisierbare und somit auch leicht einforderbare Möglichkeiten zur Schaffung von *Freiräumen* genannt werden[4].

– Schulfest – Schulball
Schüler, die es kaum schaffen pünktlich zu einem vereinbartem außerschulischen Ort zu gelangen („hab' nicht hingefunden ...") und auch nicht imstande sind eine Struktur für ein Referat zu gestalten, schaffen es plötzlich, sehr organisiert, arbeitsteilig und motiviert eigene Räume zu definieren, sie zu gestalten, nicht zu devastieren und sie schlussendlich auch noch unaufgefordert in den Ursprungszustand zu versetzen. Sie haben plötzlich die Gelegenheit zu gestalten. Nämlich ihr Fest!

– Aufstellung der Schülertische
Eine andere als die klassische Reihenaufstellung der Schülertische kann temporär, aber auch langfristig viele Prozesse in Gang setzen. Tischinseln, U-Form, Rechteck oder Kreisform ergeben ganz eigene Raumdynamiken und sind relativ schnell und flexible änderbar.

– Zeitliche Grenzen – Schulglocke
Braucht es im Zeitalter, wo alle vielfältigste Möglichkeiten haben, die exakte Zeit umgehend festzustellen, noch von außen gegebene Abgrenzungen oder könnten nicht eigenverantwortlich zu verwendende Taktgeber die zeitlich-räumlichen Grenzen definieren? Liegt darin nicht vielleicht eine große Möglichkeit des Miteinanders in einem geteilten Raum ohne auf reglementierte, für alle überpräsente ‚Alarmglocken' zurückgreifen zu müssen?[5]

– Klassenzimmer
Dieser ‚Identifikationsraum' sollte zumindest in einigen Teilbereichen der Gestaltung der Schüler überlassen werden! Dies kann sich in Pinnwänden, Kreativflachen als große Zeichenrolle an der Wand, Privaträumen in Form von Kästchen oder persönlichen Fächern sowie ‚Gemeinschaftsräumlichkeiten' innerhalb des Klassenraumes äußern. Alles ist durchaus auch bei Raumknappheit umsetzbar!

---

[4] Sicherheitshalber sei hier klargestellt, dass es sich bei der Auflistung nicht um eine verbindliche Empfehlung handelt, sondern um prinzipielle Möglichkeiten, die je nach Standort unterschiedlich oder auch kontraproduktiv wirksam werden können.

[5] Übrigens kann so auch ein wichtiger Beitrag zur Verringerung der akustischen (Umwelt)Belastung geleistet werden.

- Aula
Die Aula, als der zentrale Einladungs- und Begegnungsraum benötigt Gelegenheiten zum Verweilen. Dies könnten Sitzgelegenheiten sein (falls diese nicht vorhanden, werden von Schüler gerne Stiegen als solche wahrgenommen) oder auch Informationsflächen bzw. (häufig wechselnde) Ausstellungsobjekte sein.

- schulische Nischen
Diese sind für Schüler sehr bedeutsam, nicht nur, um sich vor den Erwachsenen zurückziehen zu können, auch um sich von anderen Peergroups abzugrenzen oder einfach nur, um einen ritualisierten Treffpunkt zu haben. Wenn es, wie fast überall, Nischen gibt (in Form eines kurzen Verbindungsganges, einer abgeschirmten Raumecke, dezentraler Mauervorsprünge o. Ä.) wäre es ratsam, diese nicht einer ‚Überkontrolle' zu unterwerfen oder sie gar zu ‚Verbotszonen' zu erklären. Wenn dies geschieht, wird es zu straken Konkurrenzkämpfen um die wenigen noch verbleibenden Räume kommen, die dann auch entsprechend gekennzeichnet (Schmierereien) oder sogar verwüstet werden.

Generell kann hier abschließend und zusammenfassend behauptet werden, dass es bei aufgebauten, ermöglichten und bestehenden Identifikationen mit Räumen weniger zu Schädigungsabsichten gemeinsamer Räume kommt. Sobald im Gebäude nicht alles – im Zuge von Verboten und restriktiven Regelungen – verwehrt wird, steigt die Eigenverantwortlichkeit und die letztendlich doch gemeinsamen Räumlichkeiten werden nicht als ‚wertloses' Allgemeingut betrachtet, das sich als Projektionsfläche für Aggressionen anbietet.

Schlussbetrachtende räumliche Erweiterungen

An die vielfältigen in Schulen vorkommenden Bedürfnisse angepasste räumliche Konzepte sind nicht nur dringend notwendig, sie sind vielmehr auch eindeutig machbar! Bei bestehenden und eventuell sogar denkmalgeschützten Gebäuden ist dies in kleinem Rahmen möglich, bei Neubauten natürlich von vornherein plan- und umsetzbar!

Um eine anforderungsgemäße, den Menschen verpflichtete, nicht mehr dem theresianischen Schulkonzept allein folgende Raumkonzeption hervorbringen zu können, bedarf es zuallererst ein Umdenken in den Köpfen von Verantwortungsträgern. Dies passiert aber nur, wenn die entsprechende Sensibilität erzeugt wird. Sensibilität diesbezüglich entsteht aber nur durch ‚Wahr'-Nehmen von Stärken und Defiziten, durch

Bewusstwerdung von realen Gegebenheiten und nicht zuletzt durch Transformation in umsetzbare Zielvorstellungen. Erst dann kann Druck auf Entscheidungsträger ausgeübt werden, diesen Prozess nachzuvollziehen.

In Abwandelung eines Bibelzitates darf bemerkt werden: „(Vielfältigen Raum) Geben ist seliger, als (diesen) zu nehmen!"

Literatur

Hammerer, Franz (2008). Neue Lernwelten – konventionelle Schulhaus-Architektur? Vortrag im Rahmen der Tagung „Architekturen neuen Lernens – Schulen pädagogisch bauen?" Architekturzentrum Wien (26. November 2008). Verfügbar unter: http://www.bildunggrenzenlos.at/fix/texte/Architektur/Neue_Lernwelten.pdf

Heidegger, Martin (2007). Sein und Zeit. Herausgegeben von Thomas Rentsch. Berlin: Akademie.

Kahl, Reinhard (2004). Treibhäuser der Zukunft. Wie in Deutschland Schulen gelingen. Weinheim: Beltz.

Kästner, Erich (1969). Gesammelte Schriften für Erwachsene (Bd. 7): Vermischte Beiträge II. München-Zürich: Droemer Knaur.

Kirchmayr, Alfred (2009). Rettet die Purzelbäume. Kinderwitz und Lebenskunst. Ein Sach- und Lachbuch zur Bewusstseinserheiterung und -erweiterung. Wien-Klosterneuburg: Vabene.

Kühn, Christian (2007). Bildungsbauten für die Wissensgesellschaft. Vortrag im Rahmen der Tagung „Architekturen neuen Lernens – Schulen pädagogisch bauen?" Architekturzentrum Wien (26. November 2008). Verfügbar unter: http://www.bildunggrenzenlos.at/fix/texte/Architektur/Vortrag_kuehn_wissensgesellschaft_02_abbildungen.pdf

Liessmann, Konrad (2012). Lob der Grenze: Kritik der politischen Unterscheidungskraft. Wien: Zsolnay.

Links

DWDS (2013). Digitales Wörterbuch der Deutschen Sprache. Berlin-Brandenburgische Akademie der Wissenschaften. Verfügbar unter: http://www.dwds.de

Der Weg in den Therapieraum ...
Raumgestaltung in der Psychotherapie für Jugendliche
Therapeutische Räume

Maamoun Chawki

Das behandelte Thema erfordert eine grundsätzliche Auseinandersetzung mit der Bedeutung, die Raum für Jugendliche einnimmt und der Frage, auf welchen Ebenen eine Aneignung stattfindet. Ich taste mich an den Schwerpunkt meiner Arbeit also über einen Umweg heran.

Auch wenn mir bewusst ist, dass bestimmte Teile meines Artikels auch von anderen Autoren dieses Buches behandelt werden, bitte ich um Verständnis, dass ich versucht habe, den Weg nachzuvollziehen, den Jugendliche beschreiten, bevor sie die Therapieräume betreten.

Jugend im öffentlichen Raum

Aufgrund meiner langjährigen Erfahrung in der Aufsuchenden Jugendarbeit kann ich gegenwärtig Veränderungen beobachten, die gerade im generationenübergreifenden Zusammenleben im öffentlichen Raum stattfinden. Der sich vollziehende (interkulturelle) Austausch wird aber nicht immer als Bereicherung empfunden, sondern ist oft von Konflikten überschattet oder wird nur mehr unter diesem negativen Aspekt wahrgenommen (siehe Jara u. Scharf „*Methode Streetwork' in der Jugendarbeit*). Dabei fällt das eigene Raumempfinden der Jugendlichen oft gänzlich anders aus, als die Außenwelt und insbesondere die Erwachsenen diese Raumnutzung wahrnehmen.

In der modernen Gesellschaft wird jungen Menschen in der Regel nur wenig Platz zur Verfügung gestellt. Meist sind es Konsumräume, für nichtkommerzielle Freizeitgestaltung wird kaum Rückzugsmöglichkeit angeboten. Oft sind die Parks, Einkaufszentren oder Bahnhöfe die letzten Zufluchtsmöglichkeiten, die aber leicht den Charakter eines Ghettos annehmen können. Diese Räume – die Marc Augé sogar als

‚Nicht-Orte' versteht – bieten aber keine Rückzugsmöglichkeit, sondern müssen vielmehr beständig verteidigt werden.

„Der Besitznahme öffentlicher Räume durch den Autoverkehr, der unkoordinierten Bestimmung des Stadtbildes durch die Wirtschaftskraft der Bauherren oder auch der Schicht der Reklamezeichen, die den öffentlichen Raum in zentralen Bereichen der Städte geradezu überwuchert, wird eine stadtzerstörende Wirkung zugeschrieben" (Schubert, 2000, S. 21).

Jugendliche aus sozial schwächeren Familien – oft mit Migrationshintergrund – haben es zusätzlich schwer, sich in einer Welt zurechtzufinden, die von Wettbewerb und Konkurrenz geprägt ist, ständig zwischen Gewinnern und Verlierern trennt und keinerlei Rücksicht auf Minderheiten nimmt, die gesellschaftlich benachteiligt werden.

„Migrantenkinder sind oft, aber nicht immer, vor, während und nach der Migration psychischen Belastungen ausgesetzt. Sie entwickeln spezifische Anpassungs- und Copingstrategien, die zeitweilig funktional im Sinne einer Entwicklungsförderung sein können, aber auch zu einer Verschleierung beziehungsweise Chronifizierung einer tiefer liegenden Störung führen kann" (Adam et al., 2003, S. 143).

Überall gibt es Regeln und Verbote, die ihren Freiraum beschneiden und einschränken. Auch der familiäre Druck kann dazu führen, dass sie sich in der eigenen Wohnung unwohl und sich deshalb nirgends zuhause fühlen. Viele stehen zwischen zwei Kulturen und versuchen den unterschiedlichen Anforderungen zu genügen: Sie sollen sich einerseits an die Erwartungen des Landes, in dem sie leben, anpassen, andererseits versuchen ihre Eltern häufig, sie nach der Kultur ihres Herkunftslandes zu erziehen. Ihr Lebensraum wirkt zerrissen und uneinheitlich, während sie verzweifelt versuchen, die Quadratur des Kreises zu schaffen und es möglichst allen recht zu machen.

Andere Jugendliche verwahrlosen in Ghettos und den Schubladen, in die sie gesteckt wurden: Moden und Trends, die so genannten Jugendbewegungen, die Markenartikel und die schöne bunte Warenwelt, in der bestimmt wird, was „in" und was „out" ist. In dieser Welt herrscht ein ständiger Widerspruch, der zwischen Abgrenzung nach außen und in der Konstruktion eines „Wir-Gefühls" innerhalb der Peergroup hin und her schwankt. Zumeist drückt sich das Zugehörigkeitsgefühl zu einer Gruppierung in einem bestimmten Kleidungsstil und einer kulturellen Vorliebe aus.

„Die Peer-Gruppe lässt das Gefühl des Common Sense entstehen, mit dem man sich identifizieren muss, um dazuzugehören. Ein Wechselspiel aus Kompetenzen des Einzelnen und Akzeptiertwerden durch die Mitglieder der Gruppe bewirkt mit die Entwicklung eines positiven Selbstwertgefühls: Damit kann die Gleichaltrigengruppe als ein entwicklungsförderliches Übungsfeld angesehen werden, das notwendig ist, um sich von den Beziehungen zu den primären Bezugspersonen, d. h. von Vater und Mutter, zu lösen" (Klosinski, 2004, S. 33).

Doch oft geraten die Jugendlichen während dieses Loslösungsprozesses vom Regen in die Traufe, denn auch die neue Ersatzfamilie verlangt die Einhaltung gewisser Normen und stellt Bedingungen. Innerhalb dieser Gruppierungen ist der Anpassungsdruck enorm, abweichendes Verhalten wird meist mit dem Ausschluss aus der Gemeinschaft der Peergroup bezahlt. Auch subkulturelle Minderheiten wie bspw. Punks und Emos zeichnen sich durch innere Homogenität aus, denn trotz des Wunsches nach dem Anderssein und dem Aufbegehren gegen die gesellschaftliche Konformität besteht innerhalb der unterschiedlichen Bewegungen eine erschreckende Gleichförmigkeit.

„Gruppen entfalten [...] eine Gruppendynamik, die die jungen Gruppenmitglieder zu Handlungen verleitet, die sie als Einzelne nie begehen würden, die persönlichkeitsfremd erscheinen, die in ihrer Spontaneität, oft auch in ihrer Brutalität die einzelnen Teilnehmer später selbst erschrecken. Der Gruppeneinfluss führt zu gruppenkonformem Verhalten, zu einer motivationalen Gleichschaltung, verstärkt vorhandene Tendenzen, verleitet zu Aktionismus, enthemmt die Mitglieder, die – ohne sich dies bewusst zu machen – ihre Verantwortlichkeit an die übergeordnete Instanz der Gruppe abtreten" (Zieger, 2002, S. 9).

Diese Prozesse erscheinen manchmal als unvermeidliche Erfahrungswerte auf dem Weg zu Eigenverantwortlichkeit und Selbständigkeit. Doch so einfach geht es leider nicht für alle aus: Einige driften in dieser Phase in Drogenkonsum oder Kriminalität ab oder sammeln andere Erfahrungen, die ihr zukünftiges Leben massiv belasten können.

„Die ‚normale' Jugendkriminalität im Sinne einer seltenen, kurzfristigen Auffälligkeit im Bereich der Bagatell- und Kleinkriminalität ist zwar allgemein verbreitet (ubiquitär), aber vorübergehend (episodenhaft). Sie wird nur zu einem ganz geringen Teil den Instanzen der formellen Sozialkontrolle überhaupt bekannt (Nichtregistrierung), und ihre ‚Täter' hören zumeist von selbst wieder damit auf, Straftaten zu begehen, ohne dass eine förmliche Reaktion durch Polizei oder Justiz erfolgt wäre (Spontanbewährung). Jugendkriminalität als altersspezifisches und alterstypisches Phänomen ist eher selten ein Hinweis auf (erhebliche) Erziehungs- oder sonstige Defizite, sondern hat viel mit den Reifungsprozessen zu tun, die im Jugendalter bewältigt werden müssen" (Wiebke, 2003, S. 9 ff).

Wenn die Gesellschaft auf diese Prozesse Rücksicht nimmt und auch dazu bereit ist, straffällig gewordenen Jugendlichen Alternativen anzubieten, statt ihnen mit der vollen juristisch möglichen Härte gegenüberzutreten, bedeutet das nicht nur für die Jugendlichen eine zweite, dritte oder auch mehrfache Chance, sondern auch für die Gesellschaft selbst. Wenn ein junger Mensch erst in die Spirale von Kriminalisierung, Vorstrafe und Jugendhaft gerät, wird er allein aufgrund seiner Perspektivenlosigkeit auch für seine Umwelt zur tickenden Zeitbombe. Damit widerspreche ich zwar dem Gerücht der Resozialisierung durch den sogenannten Jugendstrafvollzug, aber in den Jahren der Jugendarbeit und auch in der Tätigkeit als Therapeut habe ich die Erfahrung gemacht, dass alle Beteiligten eher davon profitieren, wenn sie sich um alternative Lösungen zur simplen Bestrafung bemühen.

Nicht nur ein richtiger Schritt in diese Richtung sondern geradezu ein Meilenstein waren die Maßnahmen „Wiedergutmachung statt Strafe" und das für unsere Berufsgruppe besonders relevante Konzept „Therapie statt Strafe". Die Sinnhaftigkeit von Alternativen wird nicht nur von Psychologen bestätigt sondern gilt mittlerweile auch unter den meisten Juristen als unbestrittene Tatsache. Dagegen herrscht in Teilen der Bevölkerung noch immer die Auffassung vor, dass der Jugendkriminalität mit zu großer Nachsicht begegnet werde. Diese Haltung wird vor allem von Boulevardmedien genährt und spiegelt einen gesellschaftlichen Widerspruch wider, mit dem wir uns im nächsten Kapitel auseinandersetzen möchten.

Besteht eine neue Form des Generationenkonflikts?

Die Erwachsenen sind oft schockiert, wenn sie die Zeitung aufschlagen und skandalisierende Artikel über Jugendkriminalität, Banden und den offensichtlichen Materialismus von Jugendlichen lesen. Statistiken belegen eine angeblich höhere Gewaltbereitschaft oder auch einen Verlust ethischen Denkens. Experten treten auf den Plan und versuchen Erklärungsmuster zu liefern, woran diese Entwicklung liegen könnte. Sind es die Computerspiele, die zu leichtfertig mit Gewaltdarstellungen umgehen, sind es Filme oder die Texte bestimmter Musikstile, die zur Brutalisierung der Jugend beitragen? Als Folge werden Gesetzesänderungen vorgenommen oder Zugangsbeschränkungen und veränderte Altersfreigaben beschlossen.

Die verbreitete Berichterstattung über eine vermeintliche Negativentwicklung der Jugend ist vor allem insofern aufschlussreich, als sie preisgibt, was Erwachsene über Jugendliche denken. Dabei fällt auf, dass Jugendliche zunehmend als Problem wahrgenommen werden. Wenn sich die Politik etwas zur Jugendpolitik überlegt, dann geschieht das immer häufiger unter dem Aspekt der Sicherheit und der Verwahrung.

Erwachsene sind Exjugendliche, die dazu neigen, ihre eigene Vergangenheit zu verklären. Entweder sehen sie sich im Rückblick als rebellische und unangepasste Helden, die neue Wege beschritten und sich herrschenden Vorstellungen viel weniger unterworfen hätten als heutige Jugendliche. Oder sie sehen sich als vernünftiger und respektvoller, möglicherweise auch als tüchtiger im Vergleich mit der angeblichen modernen Bequemlichkeit junger Menschen, denen Fleiß ein Fremdwort ist.

Mit der Realität haben diese Vergleiche in der Regel nur wenig zu tun, da die Wirklichkeit komplexer ist und wir in der Reflexion dazu neigen, gewisse Aspekte auszublenden, die uns möglicherweise unangenehm sind und unser Selbstbild stören könnten – oder uns zwingen würden, gewisse Idealisierungen zu hinterfragen. Im Rückblick sehen viele Erwachsene ihre eigene Jugend engagierter und aufregender, als sie es tatsächlich war, wobei es sich bei diesem Phänomen um keine neue Erscheinung handelt. Doch ist es nicht gerechtfertigt, wenn den heutigen Jugendlichen eine größere Entpolitisierung und Oberflächlichkeit vorgeworfen wird?

Bei der Frage nach den Werten der Jugendlichen wird oft die Frage vergessen, welche Werte die Erwachsenen ihnen zuvor vermittelt haben. Aufgewachsen in einer Welt des Konkurrenzdenkens und des Profitstrebens spiegelt das vorgeworfene jugendliche Fehlverhalten oft nur wider, was die Gesellschaft ihnen beigebracht hat. Von klein auf wurden sie dafür gelobt, wenn sie ‚besser' als die anderen waren, wenn ihr Ehrgeiz stärker war als ihre Freude an Spiel und Spaß und sie von klein auf an ihre primär materielle Sicherheit dachten.

Der Jugend wird vorgeworfen, zu egomanisch und zu individualistisch zu sein, dabei waren es genau diese Werte, die ihnen gelehrt und vorgelebt wurden. Jugendliche, die im Kapitalismus erzogen wurden, haben von klein auf beobachtet, wie sich die ökonomisch Stärkeren auf Kosten der Mehrheit bereichern, wie private Interessen mit Gewalt durchgesetzt werden und das gesellschaftliche Leben prägen.

Auch die Umweltprobleme und die Berichterstattung über Kriege und ethische Konflikte – die einige Jugendliche mit Migrationshintergrund am eigenen Leib erlebt haben – lässt die Frage aufkommen, wo denn die Erwachsenen ihrerseits die Verantwortung übernehmen, die sie von den Jugendlichen einfordern.

Diese erleben das Erbe vergangener Generationen als verbrannte Erde, die ihnen hinterlassen wird. Die Werbung, die in den Jugendlichen eine ihrer wichtigsten und am leichtesten manipulierbaren Zielgruppen sieht, suggeriert, dass Gefühle, Ethik und Glück nur die Begleiterscheinung des Kauf- und Konsumverhaltens sind. Sie haben gelernt, dass sich offensichtlich die rücksichtslosesten und größten Egoisten am leichtesten durchsetzen; diese gelten als ‚Gewinner' und werden in den Boulevardmedien als Helden und Stars gefeiert, als Vorbilder für kommende Generationen.

Der Jugendforscher Bernhard Heinzelmaier sieht im gesellschaftlichen Kontext drei Punkte, die Jugendliche übernommen und verinnerlicht haben:

„Erstens: Nütze deine Jugend, um dich für den Konkurrenzkampf in der Leistungsgesellschaft ‚hochzurüsten'.
Zweitens: Es geht dir umso besser im Leben, je mehr materielle Güter du konsumieren und je mehr intensive Erlebnisse du dadurch haben kannst.
Und drittens: Werte sind eine persönliche Angelegenheit, jeder hat seine eigenen, jeder hat andere" (Heinzelmaier, 2007, S. 3).

Heinzelmaier (2007, S. 6) stellt fest, dass Handeln und Denken der Jugendlichen aufgrund eines ‚posttraditionellen Materialismus' und eines Lebensprinzips erfolgt, „das ein hohes Sicherheitsbedürfnis und große Affinität zu materiellen Dingen (Einkommen, Konsum, Karriere, Erlebnis) mit dem weitgehenden Fehlen von ideologischen und institutionellen Bindungen vereint. Diese Art von Materialismus ist ein quasi moralisch völlig unkontrollierter, von den meisten Wertebindungen befreiter Pragmatismus, der primär am individuellen Eigeninteresse, am Eigennutzen des handelnden Subjekts ausgerichtet ist. Im Kern regiert hier das ‚Cui Bono', das heißt ausschließlich die Frage nach dem persönlichen Nutzen leitet das Handeln der postmodernen Pragmatiker."

Jugendliche sind weniger von den extremen Erfahrungen traumatisiert als von der Normalität. Im Film „The Wall", nach dem gleichnamigen Album von Pink Floyd produziert, wird jede traumatische Erfahrung zum Stein in der symbolischen Mauer, die den Protagonisten immer mehr umschließt, bis nur mehr eine Explosion verhindert, dass er vollständig von ihr begraben wird. Auch viele Jugendliche leben isoliert mitten in der Masse, sie haben sich einen Gefühlspanzer zugelegt, um in einer Umwelt bestehen zu können, die sie verunsichert und ihnen keine Geborgenheit vermittelt.

Von dieser Umwelt werden nur mehr die Versuche des Jugendlichen wahrgenommen, aus dem Korsett auszubrechen, die Explosionen und Exzesse als Spitze eines Eisbergs, der von der Gesellschaft ignoriert wird. Das Bild, das von heutigen Jugendlichen gezeichnet wird, pendelt zwischen dem Vorwurf der Überangepasstheit und der Angst vor der Jugendkriminalität, wobei hier vor allem männliche Jugendliche als Bedrohung empfunden werden.

Zukunftspessimismus und Zukunftsängste sind eng verbunden mit dem Image einer Jugend, der wir nicht mehr zutrauen, dass sie mit den von früheren Generationen geschaffenen Herausforderungen und Problemen umgehen können.

Während die Jugend als Problemfeld und Sicherheitsrisiko bzw. als Bedrohung gesellschaftlicher Werte dargestellt wird, besteht auf der anderen Seite die Tendenz, den „Alten" vorzuwerfen, den Jungen auf der Tasche zu liegen. Statistiken und Expertisen rechnen vor, ob die Gesellschaft – angesichts der höheren Lebenserwartung und sinkender Geburtenraten – die wachsende Zahl von „untätigen" Pensionsbeziehern noch verkraften kann. Das Thema findet Einzug in Talkshows wie in wissenschaftliche Untersuchungen gleichermaßen und löst eine Spirale gegenseitiger Beschuldigungen aus. In diesem „Alle gegen alle"-Spiel spiegelt sich das gegenseitige Misstrauen, in dem die biologische Uhr zum Vorwurf gemacht wird, obwohl das Alter schließlich alle Menschen früher oder später trifft. Egal ob sie früher in Pension gehen und den Sozialtopf belasten oder trotz des erreichten Pensionsalters weiterarbeiten und in Zeiten des Jobabbaus den Jüngeren ihren Arbeitsplatz streitig machen: Egal was ältere Personen tun und wie sie sich entscheiden, sie werden immer dem Vorwurf ausgesetzt sein, zu sein was sie sind. Bisher stand meist das umgekehrte Problem im Vordergrund, nämlich dass viele Eltern ihre Kinder zurechtbiegen und erziehen wollten und nicht akzeptierten, dass diese nur versuchten, sie selbst zu sein.

Der Generationenkonflikt stellte bisher einen Loslösungsprozess dar, der in der Entwicklung junger Menschen zwar eine schwierige Phase bedeutete, aber durchaus seine Berechtigung hatte und eine Funktion für den Übergang zum Erwachsensein erfüllte. Hier aber zeigt sich tatsächlich ein Paradigmenwechsel in einer durchkapitalisierten Welt: Der Generationenkonflikt wird auf eine fast ausschließlich materielle Ebene verlegt. Der Kampf der Werte ist ein Kampf um Preis und Kosten geworden. Die Diskussion um die Aufkündigung des sogenannten Gesellschaftsvertrags, in dem eine jeweils arbeitsfähige Generation die andere mitträgt, führt früher oder später in die menschenverachtende Debatte über lebenswerte und nicht lebenswerte Teile der Gesellschaft.

Kritiker dieser Thesen mögen sagen, dass es sich auch dabei um kein neues Phänomen handelt, da unser Wirtschaftssystem von Anfang an darauf beruht, die Konkurrenz als den eigentlichen Regisseur der Evolution zu betrachten. Die Geschichte steckt voller unrühmlicher Macht- und Verteilungskämpfe, von denen wir oft so berichten, als gehörten sie einer längst durch Zivilisationsprozesse überwundenen Epoche an. Bei oberflächlichem Hinsehen – und aus einem westlichen Blick – erscheint unsere Welt tatsächlich friedvoller und rationaleren Spielregeln unterworfen zu sein, da wir die grobschlächtigsten Ungerechtigkeiten unseres Feudalzeitalters abgeschafft und in südlichere Länder ausgelagert haben. Dabei vergessen wir die aktuelle Barbarei einer Gesellschaft, die alle Werte ersetzt und alle Götter gestürzt hat zugunsten der einen alles umfassenden Profitlogik: dem goldenen Kalb.

In dieser Welt wird Solidarität zum Luxus, der einerseits mit dem Hinweis auf Zivilcourage und Rücksichtnahme eingefordert wird, andererseits aber den vermittelten Wettbewerbsideologien diametral widerspricht. Ein bekanntes neues Schimpfwort unter Jugendlichen ist die Bezeichnung: „Du Opfer!". Diese als Ausdruck größter Verachtung vorgetragene Beleidigung zeigt, dass die Jugendlichen die ihnen vermittelte entsolidarisierende Wertehaltung bereits stark verinnerlicht haben. Hier werden solidarische Menschen als ‚Gutmenschen' beschimpft und von uns Psychologen nur mehr unter dem Aspekt eines behandlungswürdigen Helfersyndroms wahrgenommen.

Als erfolgreich wird angesehen, wer es schafft, sich auf Kosten anderer durchzusetzen oder zu bereichern. Seit Darwins ‚Survival of the fittest' werden unter Zuhilfenahme des ‚Teile und herrsche!'-Prinzips gesellschaftliche Gruppen gegeneinander ausgespielt und in den Konkurrenzstress verwickelt. Möglicherweise ist das gesellschaftliche Klima, das wir derzeit erleben, die Konsequenz einer längeren Entwicklung, an der sich alle mitbeteiligten, die sich nach einer kurzen Phase des Aufbegehrens in ihrer eigenen Jugend der vorgegebenen Ordnung fügten.

So erscheint es tatsächlich ungerecht, gerade den Jugendlichen den systematischen Wahnsinn vorzuwerfen, an dem sie sich von allen gesellschaftlichen Akteuren am wenigsten lang beteiligt haben.

Jenseits aller künstlichen Grenzziehungen steht der menschlichen Spezies nur ein gemeinsamer Raum zur Verfügung. Die Frage bleibt, wie wir mit dem gemeinsamen Raum umgehen. Wir können ihn zergliedern und neue Wände errichten: zwischen unterschiedlichen Herkunftsländern, zwischen unterschiedlicher sexueller Orientierung, zwischen subkulturellen Zugehörigkeiten oder anderen identitären Zuschreibungen. Oder eben auch zwischen Jung und Alt. Alle gegen alle – erst entfremden wir uns von allen anderen und schließlich von uns selbst.

Oder wir können versuchen, bestehende Trennungen zu überwinden und unseren kollektiven Raum zu teilen statt ihn für unsere jeweiligen identitären Zuschreibungen – Volk, Religion, Kultur, Generation, Peergroup, usw. – allein zu beanspruchen.

Tatsächlich gibt es zu dieser neuen Form von gesellschaftlichen Beziehungen, die sich angesichts einer Realität der Verunsicherung und Abgrenzung wie eine naive Utopie anhört, keine Alternative, so wir als Gesellschaft, in der wir alle aufeinander angewiesen sind, leben und überleben wollen.

Der überwiegende Großteil aller psychosozialen Probleme entsteht aufgrund gesellschaftlich geprägter Verhaltensmuster. Vereinzelung und

Entfremdung sind es, die krank machen. Eine erfolgreiche Therapie bietet daher nicht nur einen Beitrag zur Lösung persönlicher Probleme, sondern bewegt sich gleichzeitig im Mikrokosmos von notwendigen gesellschaftlichen Veränderungen. Gegenstrategien zum destruktiven ‚Jeder gegen jeden'-Dominospiel werden gerade von Jugendlichen als befreiend wahrgenommen und tragen zur Überwindung von Traumata bei.

Die Therapie kann also einen Weg darstellen, um mit der Veränderung der persönlichen Lebenssituation und des eigenen sozialen Umfelds auch allgemeine gesellschaftliche Anliegen zu verwirklichen und in die Praxis umzusetzen. Die ersten Schritte auf diesem Weg sind jedoch meistens die schwierigsten.

Die Ankunft in den Therapieräumen: Was passiert in der Psychotherapie?

Bevor Jugendliche in die Therapie kommen, ist meistens schon einiges passiert. Denn es gibt vor diesem Schritt eine große Schwellenangst, die nicht leicht überwunden werden kann. Das Image der Psychotherapie ist immer noch mit massiven Vorurteilen behaftet, die dazu führen, dass sich Jugendliche schämen und fürchten, durch den Besuch einer Therapie als „Psychos" abgestempelt zu werden. Erst wenn der Leidensdruck sehr hoch geworden ist, wird professionelle Hilfe in Anspruch genommen. Meist sind nicht nur vereinzelte Räume sondern ganze Welten – oder zumindest Weltbilder – zusammengebrochen, bevor sie einen solchen Schritt setzen.

Die Vorstellung von der Jugend als einer problemfreien Zone ist ein Mythos, der sich in einer dem Jugendwahn verfallenen Gesellschaft hartnäckig hält und viele Jugendliche zusätzlich unter Druck setzt, weil sie den in sie gesetzten Erwartungen nicht gerecht werden können.

Die Medien suggerieren, dass Jugendliche vor allem an Partys und dem wöchentlichen „Komasaufen" interessiert wären, ständig neue Beziehungen knüpfen können und vor allem keine psychischen Probleme hätten. Wer diesem Image nicht entspricht, gilt schnell als „Nerd", wird zum Außenseiter. Die Folgen sind vielfältig: Identitätsprobleme, gesellschaftlicher Rückzug und Isolation, Depressionen. Wenn diesen Entwicklungen nicht entgegen gesteuert werden kann, wird eine Belastungsspirale in Gang gesetzt, die in scheinbar ausweglose Situationen münden kann.

Der Therapeut weiß, er kann keine einfachen Antworten auf die Probleme der Jugendlichen liefern, aber er kann die richtigen Fragen stellen. Er stellt den Raum zur Verfügung, den die Jugendlichen selbst einrichten können. In diesem Raum sollen sie sich entfalten und aus sich herausgehen können, ohne eingeschränkt zu werden. Gleichzeitig sollte die nötige Geborgenheit vermittelt werden, um nicht halt- und orientierungslos in einem Vakuum zu schweben. Dieser Zustand wäre so wenig eine Alternative zur Einengung und dem Gefühl des Eingesperrtseins wie es die Obdachlosigkeit zum Gefängnis wäre.

Das bedeutet, dass in der Therapie zwar einige Parameter vorgegeben werden, die wie Lichtpunkte der Orientierung dienen sollen, ansonsten sind es die Jugendlichen selbst, die bestimmen, was darin passiert. Der Therapeut gibt vor, welche Rahmenbedingungen unerlässlich sind, bevor er sich zurückzieht und dem Jugendlichen das Feld überlässt, in dem er sich austoben kann.

Die Raumgestaltung selbst ist für Jugendliche von mehreren Faktoren abhängig. In diesem Aneignungsprozess sind sie selbst – und nicht die Therapeuten – die Architekten dieser Räume. In der Therapie soll aber das Umfeld geboten werden, in dem geplant, aufgebaut und gestaltet werden kann.

Die benötigten Räume sollen sowohl Sicherheit und Geborgenheit als auch barrierefreie Entfaltungsmöglichkeit bieten. Sie sind gleichzeitig Schutz- wie auch Freiräume. Erst in der Sicherheit kann sich ein Freiraum entwickeln, in dem die Jugendlichen aus sich herausgehen können; erst in Freiheit wird die Sicherheit nicht als Einengung und Kontrolle wahrgenommen.

In der Familienaufstellung nimmt diese Raumgestaltung schließlich sehr konkrete Formen an: Wie etwa verschiedene Familienmitglieder im virtuellen Raum platziert und dargestellt werden, gibt Aufschluss über die Beziehungen in ihrem alltäglichen Umfeld – die Hierarchie, die Familienkonstellation, die Stellungen und Werthaltungen, vor allem über Distanz und Nähe. Dabei zeigt sich oft schon in der Gestaltung dieser virtuellen Umgebung: Ist der Raum offen oder wirkt er bedrückend, wirkt er wie ein Nest, in dem sich Jugendliche zuhause fühlen oder wie ein Gefängnis usw.?

Im weiteren Therapieverlauf beginnen sich die Jugendlichen zu öffnen und schrittweise werden neue Wege beschritten. Indem sie nicht unter Druck gesetzt werden, können sie Vertrauen gewinnen. Der Therapeut versucht mit Hilfe zirkulärer Fragen, diesen Prozess zu unterstützen, um den möglichen Output zu erhöhen. Dabei stellt er seine eigenen Anschauungen in den Hintergrund (was ihm unter Umständen mehr Geduld abverlangt, als er manchmal aufzubringen vermag). Es fällt manchmal nicht leicht, sich auf die Rolle des Zuhörers und Fragestellers zu beschränken, aber dieses Sichzurücknehmen ist erforderlich, um den Klienten eine größere ‚Spielwiese' zur Entfaltung anbieten zu können. Hier können Schritte gesetzt werden, die ihnen einen Zugang zu ihren eigenen inneren Ressourcen ermöglichen.

Resümee

Der Therapieraum ist nicht nur ein Platz wie zum Austoben, sondern auch einer, der zum Ausruhen und zur Entspannung einlädt. Aber er stellt ein Zwischenstadium im Leben eines jungen Menschen dar und sollte auch als solches begriffen werden: Wenn Therapieräume zu lange ‚bewohnt' werden, verlieren sie ihre eigentliche Funktion.

Im besten Fall werden Therapieräume zur Tür in den nächsten Entwicklungsschritt, in dem bestimmte Probleme besser bewältigt werden können und dem Leben mit weniger Angst und mehr Selbstvertrauen begegnet wird.

Es geht aber in der Therapie nicht darum, Jugendliche wieder zu ‚funktionalen' Mitgliedern der Gesellschaft zu machen und sie an die Verhältnisse anzupassen, sondern ihre Resignation zu überwinden und ihre Eigenmächtigkeit und ihr Selbstbewusstsein zu stärken.

Was die Kinder- und Jugendpsychologie in den vergangenen Jahrzehnten geleistet hat, ist beachtlich, doch bisher wurde ihre Einbettung in politische Prozesse zuwenig berücksichtigt. Ohne gesellschaftliche Neuorientierung werden auch die Fortschritte in der Psychotherapie auf die Symptombekämpfung beschränkt bleiben.

So gesehen sind die Jugendlichen nicht das Problem, sondern die Lösung; denn wie sie die Zukunft gestalten, so wird sie nach uns aussehen. So kann die Psychotherapie für Jugendliche dazu beitragen, die Gestaltung der künftigen Welt positiv zu beeinflussen. Diese Aufgabe kann sie aber nur erfüllen, wenn sie ihre politische und gesellschaftliche Verantwortung wahrnimmt.

Literatur

Adam Hubertus, Lucas Torsten, Walter Joachim, Möller Birgit, Asshauer Martin, Riedesser Peter (2003). Empfehlungen zur Behandlung von Migrantenkindern – Erste theoretische und praktische Überlegungen. In: Lehmkuhl, Ulrike, Hg.: Ethische Grundlagen in der Kinder- und Jugendpsychiatrie und Psychotherapie. Göttingen: Vandenhoeck & Ruprecht.

Augé, Marc (1994). Orte und Nicht-Orte. Vorüberlegungen zu einer Ethnologie der Einsamkeit. Frankfurt: S. Fischer.

Heinzelmaier, Bernhard (2007). Jugend unter Druck: Das Leben der Jugend in der Leistungsgesellschaft und die Krise der Partizipation in der Ära des posttraditionellen Materialismus. Verfügbar unter: http://jugendkultur.at/wp-content/uploads/Leistungsdruck-Report_2007_jugendkultur.at_.pdf

Klosinski, Gunther (2004). Pubertät heute. Lebenssituationen – Konflikte – Herausforderungen. München: Kösel.

Schubert, Herbert (2000). Städtischer Raum und Verhalten – Zu einer integrierten Theorie des öffentlichen Raumes. Opladen: Leske+Budrich

Wiebke, Steffen (2003). Junge Intensivtäter – kriminologische Befunde. München: Bayerisches Landeskriminalamt.

Zieger, Matthias (2002). Verteidigung in Jugendstrafsachen. Heidelberg: C.F. Müller.

Spielraum Stadt: Zur Qualität von urbanen Kinderräumen
Stadträume

Sabine Krones

> „Wo findet Kindheit in der Moderne statt?
> Vor allem ist festzuhalten: In urbanen Räumen."
> Zinnecker (2001, S. 9)

Sich Lebensraum aneignen

Kindheit im urbanen Raum findet größtenteils auf dem Spielplatz, in der Kindertageseinrichtung, im Kindermuseum, im Kinderzimmer statt, eben in gestalteten oder betreuten oder gewidmeten Räumen. Frei gestaltbare, unkontrollierte Räume, unbesetzte und selbstständig wählbare Räume sind spärlich in einer Großstadt. Nicht zufällig finden sich in der Beschreibung von modernen urbanen Kindheiten Begriffe wie Verinselung und Verhäuslichung oder es wird auf verschulte und pädagogisierte Räume hingewiesen.

Diese Begriffe deuten darauf hin, dass sich das Aufwachsen von Kindern über die Möglichkeiten und die Formen der Auseinandersetzung mit ihren räumlichen Umwelten bestimmt. Dieser Zusammenhang wird in der sozialwissenschaftlichen Diskussion mit dem Begriff der sozialräumlichen Aneignung (vgl. Böhnisch u. Münchmeier 1990 bzw. 1999; Deinet 1990, 1999, 2005; Deinet u. Krisch, 2002; Muchow u. Muchow, 1998; Krisch, 2009) verbunden. In der Dynamik des kindlichen Aufwachsens bilden sich gesellschaftliche Veränderungen sehr stark in den Aneignungsmöglichkeiten der Kinder ab.

Was meint der Begriff Aneignung und warum stelle ich dieses Theorem in den Vordergrund? Einleitend möchte ich mich mit den Thesen von Martha und Hans Heinrich Muchow auseinandersetzen, die mit ihrem Werk ‚Der Lebensraum des Großstadtkindes' (Muchow u. Muchow, 1998), in den 30er Jahren des vorigen Jahrhunderts verfasst, heute immer noch aktuell sind und welche für – erst in späteren Jahren folgende – Lebensraum- und Lebensweltanalysen anleitend bleiben.

Martha Muchow hat sich dem Thema Aneignung über Spielraum- und Spielverhaltensforschung angenähert und sie weist darauf hin, dass „was aus der Sicht der Erwachsenenwelt als ‚bloßes Spiel' neben der ‚Arbeit', dem erwachsenenspezifischen Modus der Weltaneignung in dieser Gesellschaft, erscheint, aus der Perspektive der kindlichen Persönlichkeit die ausschließende und einzige Form der Welt-Bewältigung ist" (Muchow u. Muchow, 1998, S. 37). Muchow gibt damit dem kindlichen Spiel eine andere Bedeutung als das bloße Nachahmen und Einüben von Bewegungsabläufen und sozialen Interaktionen. Spiel gewinnt an Bedeutung, indem es für Kinder die zentrale Aneignungstätigkeit ist. Spielen ermöglicht Kindern auf individuelle Weise die Umwelt zu bewältigen. Innere und äußere Reize werden verarbeitet, mit subjektiven Erfahrungen verwoben und verdichtet, abgestimmt und in Beziehung zu sich selbst und anderen gesetzt und somit nutzbar gemacht.

Diese Aneignungstätigkeit beim Kind, die „subjektiv, gefühls- und affektgetränkt" (Muchow u. Muchow, 1998, S. 37) ist, stellt die einzig mögliche Form der Verbindung zur Außenwelt dar. Wenn es Kindern gelingt sich die Umwelt ‚eigensinnig', sprich entwicklungsgemäß, eigenmotiviert und unbehindert anzueignen – Muchow verwendet den so treffenden Begriff „die Umwelt zu umleben" (Muchow u. Muchow, 1998, S. 150) – dann gelingt Bewältigung und der Erwerb von sinnstiftenden Zusammenhängen.

Wenn wir uns auf die sozialräumliche Umgebung von Kleinkindern konzentrieren, sind Raum, Personen, Gegenstände und die damit gegebenen Aneignungsmöglichkeiten noch sehr eindeutig beobachtbar:

- Welche räumlichen Möglichkeiten und welche Ausstattung gibt es,
- wie viel selbstständige Tätigkeit ist in diesem Raum möglich,
- welche Gefahren birgt der Raum, wenn er eingrenzend erlebt wird,
- wie sehr kann das Kind das Tempo, die Aufnahme von Reizen steuern,
- welche Aufmerksamkeit und Spiegelungsmöglichkeit durch Personen erhält das Kind,
- was kann gezupft, gezerrt, heruntergezogen, verändert werden, was kann genommen und gehalten werden und
- wie sehr kann Stimme ausprobiert werden, welche Reaktionen sind zu erwarten?

Muchow benennt diese tätige Auseinandersetzung mit der direkten Umgebung als ‚Umnutzung' und stellt fest:

„Das Kind ist ganz allgemein, auch im Ernstverhalten, unendlich viel intensiver an die Dinge der Welt hingegeben, verströmt sich selbst, seine Affekte und Wünsche viel intensiver in die Dinge hinein als der Erwachsene, der ein ganzes System denkgesetzlicher Formungen an die Dinge heranbringt, durch deren Anwendungen sie vom Ich abgerückt und dem Ich gegenübergestellt werden" (Muchow u. Muchow, 1998, S. 91).

Diese intensive Auseinandersetzung beim Kleinkind, das ‚Begreifen' von Gegenständen, das Verändern von Situationen, das auch körperliche Verschmelzen mit Raum und den Dimensionen des Raumes, wie ‚Herumkugeln', Perspektiven verändern durch Liegen, Rollen und mit dem Körper Dimensionen ausmessen, scheint immer nachvollziehbar und dieser Altersstufe zu eigen. Ältere Kinder aber, die zumeist den Schonraum des ‚ökologischen Zentrums' (vgl. Zonenmodell von Baacke, 1999, S. 112ff) zumindest zeitweise verlassen, stoßen in öffentlichen Bereichen auf Grenzen und Vorgaben in ihrer tätigen Auseinandersetzung.

Gestaltete Räume

Eine Annahme ist, dass das ‚Zeit haben', das ‚Raum haben', Tätigkeiten selbstbestimmt und eigenständig zu verbinden, mit eigener Fantasie, Kreativität, mit eigenen Erfahrungen anzureichern, gemeint ist (siehe Benke *Zeit geben – Zeit nehmen*).

Bei gestalteten Räumen sind die Grenzen schnell erreicht. Fixe Zeitvorgaben, vorgegebene Spielarrangements, z. B. klar strukturierte Stationen der Wissensvermittlung scheinen den *Aneignungsspielraum* zu begrenzen. Und doch sind diese gestalteten Räume oft reich an Erfahrungen und Nutzungsformen. Schon die räumliche ‚Hinwendung' zum Kind – am Beispiel des Kindermuseums Zoom in Wien – über
– die altersgerechte Eingangssituation,
– die Bildsprache der Auslagen,
– das für Kinder erfassbare Leitsystem, bzw. sogar
– die ‚Zitronenseifen' in den Sanitäranlagen,
bieten Kindern eine enorme Möglichkeit sich mit Raum und Angebot zurechtzufinden, den Raum für sich nutzbar zu machen.

Das Ziel, Kindern Möglichkeiten zu schaffen, Wissensgebiete neu und individuell zu entdecken, durch kreative Spielgeräte, Spielabläufe und Arrangements und durch Vermittlung und Animation von pädagogischen und künstlerischen Fachkräften ist bezeichnend für spezifische und typisch großstädtische Kinderfreizeitwelten. Die gestalteten Kinderräume einer Großstadt bieten spezifische und in diesem Sinn hochwertig einschlägige Qualitäten.

Das Kindheitsbild, das Menschen, die im Bereich Stadtplanung, Architektur, Sozialpädagogik, Freizeitpädagogik und Kulturvermittlung tätig sind haben, ist entscheidend für die Ausrichtung der Angebote und der Kinderräume. Im Gegensatz zu den ausschließlich von Erwachsenen gestalteten Räumen und Situationen, stehen oft die Ansprüche der Kinder und Jugendlichen, „die sich in diese (vergesellschaftete und gesellschaftlich vergegenständlichte, strukturierte und territoriale) Umwelt mit dem, was sie an personaler Entwicklungsidentität haben, einbringen.

In dieser Spannung von kindlichem/jugendlichem Entwicklungsstand und vorgegebener räumlicher Funktionsrationalität entscheidet sich die sozialräumliche Aneignungsqualität, d. h. die Frage, ob die sozialräumlichen Möglichkeiten handlungserweiternd oder blockierend, einschließend oder ausschließend sind" (Böhnisch, 2003, S. 180). Diese Möglichkeiten können als einschränkend, im Sinne von beschränkend erlebt werden, geben Kindern aber Einblicke, die sie prägend und im Weiteren handlungsanleitend erleben:

„Je mehr aber die sozialräumliche Umwelt funktionalisiert ist, desto stärker erfahren die Kinder und Jugendlichen über ihr entwicklungstypisches räumliches Aneignungsverhalten soziale Kontrolle, gesellschaftliche Macht- und Herrschaftsverhältnisse, die sie nicht als solche rational identifizieren aber emotional als Verletzungen, Zurückweisungen und Verlust erfahren. Hier bildet sich wohl auch mit die Emotionalität von Argwohn und Unverständnis aus, mit der Kinder und später Jugendliche den institutionellen und politischen Aufforderungen der Erwachsenenwelt begegnen" (vgl. Böhnisch, 2003, S. 180).

Böhnisch stellt hier dar, dass Unterschiede in der Nutzung von Räumen zwischen Heranwachsenden und Erwachsenen bestehen, diese Nutzung jedoch zumeist von Erwachsenen bestimmt und eingegrenzt wird. Von Kinder und Jugendliche kann das beschränkend im Sinne einer eigentätigen Aneignung wahrgenommen werden. Diese Erfahrungen können eine prinzipielle Abgrenzung zu vorgegebenen Strukturen hervorrufen, allenfalls Misstrauen oder Frustration erzeugen.

Unterschiedliche Kindheiten – unterschiedliche Aneignungschancen

Eine zentrale Hypothese lautet, wie oben ausgeführt, „dass sich die konkreten Verhältnisse der Gesellschaft, so wie sie Kinder und Jugendliche erleben, die nicht am Produktionsprozess teilnehmen, vor allem räumlich vermitteln" (Deinet, 1992, S. 57) und Böhnisch präzisiert:

„Territoriale Räume in den besiedelten Zonen der modernen Industriegesellschaft sind keine toten Räume, in ihnen vergegenständlicht sich vielmehr die Gesellschaft – so wie sie historisch geworden ist – auf besondere Weise. In der Anlage von Gebäuden, Siedlungsstrukturen, den funktionsräumlichen Festlegungen, Verdichtungen, Entgrenzungen und Segregationen ist Gesellschaftliches sozialräumlich lokal vermittelt: gesellschaftliche Arbeitsteilung, soziale Differenzierung und Schichtung, Hierarchisierung der sozialen Bedürfnisse und Interessen, soziale Konflikte und soziale Desintegration" (Böhnisch, 2003, S. 179).

Böhnisch vertieft hier die Erfahrungen, die wir in Wien auch bei der Nutzung von Kinderkulturräumen erkennen. Obwohl der Anspruch besteht, Räume allen Kindern zu öffnen, weisen viele Kinderkultur- und Freizeiträume vermehrt sozial ausdifferenzierte Nutzungen auf. Was bedeutet, dass für die Nutzung immer noch die Herkunftsmilieus, die Bildungs- und Einkommenssituationen der Familien bestimmend sind.

Ob pädagogisch betreute Räume in ihrer unterschiedlichen Qualität, ob für Kinder gestaltete öffentliche Bereiche, ob konzeptionell wohlüberlegtes Kulturvermittlungsprogramm oder ob Kinder Raum und Gestaltung zugestanden wird, ist abhängig vom Zugang und den Barrieren, die Kinder aufgrund ihrer Vorerfahrungen, ihrer Anleitung und dem Zugeständnis ihrer erwachsenen Bezugspersonen und Herkunftsmilieus erhalten. Auf den Punkt bringen kann es die Aussage von Krisch, bei einer Diskussionsrunde (vgl. Krisch, 2005c) zur sozialräumlichen Qualität von Kinderräumen: „Bildungsbürgerkinder üben sich in Kinderkultur, bildungsferne Schichten erobern sich Parks und Straßenzüge."

KinderkulturRäume

Kinder brauchen besonders im großstädtischen Bereich durch den Verlust von Freiräumen neue Räume und Angebote, die Prozesse der Aneignung fördern. Der soziale und ökonomische Wandel der Gesellschaft stellt Kinder und Familien vor hohe Anforderungen. Um ihr Leben verantwortlich meistern zu können, brauchen Kinder und Familien Fähigkeiten, die mit ‚Lebenskunst' zu tun haben. Sie brauchen Schlüsselkompetenzen wie z. B. Selbstbewusstsein für die eigenen Stärken, Kraft und Mut, Dinge kritisch zu betrachten und Lust, Verantwortung für sich und andere zu übernehmen.

In diesem Sinne kann Kultur als wesentlicher (Bildungs-)Beitrag zur Stärkung von Schlüsselkompetenzen bei Kindern dienen. Kreativität, Selbstbewusstsein, soziales Interesse und Verantwortung werden im aktiven Umgang mit Kunst gefördert. Theater, Tanz, Musik, Literatur, Medien, bildende Kunst und auch Spiel-, Bewegungs- und Beziehungsangebote unterstützen Kinder, sich in der Welt zurechtzufinden und die Möglichkeit zu erhalten, an der Gestaltung selbstbestimmt mitzuwirken. Für eine lebensweltorientierte, ganzheitliche, kulturelle Bildung muss der Erwerb von Schlüsselqualifikationen, für den das außerschulische Bildungsangebot (Kinderkultur- und Familienfreizeitangebote) in besonderer Weise steht, ermöglicht werden.

Einblicke in die Konzeptionen der Vereine der außerschulischen Kinder- und Jugendarbeit in Wien machen klar, dass in vernetzten Strukturen und mit abgestimmten Standards eine Stadt durchaus auch Aneignungsqualität für Kinder entwickeln kann. In einer kritischen Betrachtung muss natürlich angemerkt werden, dass zum einen der gesamte Stadtraum bei weitem noch nicht erfasst ist. Zum anderen schafft die Konzentration auf die definierten Zielgruppen der Kinder- und Jugendarbeit in Wien, in ihrer Vielschichtigkeit und Unterschiedlichkeit, sicherlich auch wieder neue Abgrenzungen bei Kindern und Jugendlichen, die ihre Freizeit eher im innerhäuslichen Bereichen verbringen.

Kinder, die wenig Zeit im öffentlichen Raum verbringen, die in ihrer Mobilität eher auf Erwachsene angewiesen sind, beanspruchen eher das Bildungs- und Kulturprogramm in der Stadt. Bei der Unterstützung von Kindern in ihren spezifischen Entwicklungsperspektiven sollten wir deshalb besonders darauf Rücksicht nehmen, dass wir es mit sehr unterschiedlichen Kindheiten zu tun haben.

Wir sehen einerseits Kinder, die sich oft in öffentlichen Bereichen aufhalten und die dann, falls sie in einer ‚betreuten' Region wohnen, auf die Angebote der Kinder- und Jugendarbeit zurückgreifen können. Bei dieser Zielgruppe erscheint es wichtig auch die Zugänge zu den institutionellen Kultur- und Bildungsangeboten zu forcieren.

Am Beispiel des Projekts der KinderuniWien möchte ich kurz die Bemühungen darstellen, die immer wieder auch seitens der Kultur- und Bildungsanbieter unternommen werden, andere Zielgruppenausschnitte zu erreichen, die aber scheinbar schnell an die Grenzen des Machbaren stoßen.

Kinderuniversität – nur ein Beispiel

Die Initiatoren der KinderuniWien evaluierten in den ersten Jahren immer wieder die Schichtzugehörigkeit der mittlerweile über 3000 Kinder, die an diesem Projekt teilnehmen und stellten eindeutig fest, dass der Großteil der Kinder aus akademischen Haushalten, aus bildungsnahen Schichten kommt. Um gezielt allen Kindern den Zugang zur Kinderuni zu bieten, wurden zum einen Kontakte zu Parkbetreuungen, aber auch Kontakte zu Vereinen, die mit Migrationsfamilien arbeiten, aufgenommen und Ressourcen zur Verfügung gestellt, diese Kinder zum Projekt zu führen. Auch die Bewerbung des Projekts über das wienerferienspiel-Programm, das sich an alle Wiener Kinder richtet, stellte einen Versuch dar, Barrieren abzubauen. Dennoch ist der Anteil an Kindern aus bildungsferneren Schichten gering. Als Barriere werden fehlende Mobilität, Hochschwelligkeit und mangelnde Attraktivität des Angebots angenommen.

Bei einer genaueren Analyse der Öffentlichkeitsarbeit und des Projekts Kinderuni können Familien aus bildungsfernen Schichten die Qualität des Angebots nicht erkennen: Kinder auf die Uni zu schicken, in einem gänzlich *unbekannten Raum*, der nicht mit eigenen oder oft sogar negativen (Schul- bzw. Bildungs-)Erfahrungen verknüpft wird, erscheint unattraktiv. Auch der Anmeldemodus verlangt einiges an kompetenter Organisation und Fähigkeiten, welche Kinder (oder auch Erwachsene) oft nicht aufbringen können.

Welche Kinder nützen diese hochschwelligen Angebote? Beim Projekt Kinderuni begegnen uns Kinder, die nicht nur während der Kinderuni-Zeit einen fix abgesteckten Freizeitplan haben.

Oft wird die Förderung von Kindern als Versuch verstanden „im Tagesverlauf weitere zusätzliche Unterrichtsstunden unterzubringen" (Zinnecker, 2001, S. 183). Diese „schulzentrierten" Eltern (vgl. Zinnecker, 2001, S. 179ff) stehen unter dem Druck, den sie an die Kinder weitergeben, auch in der Freizeit möglichst viel an Bildung zu konsumieren und somit eine optimale Vorbereitung aufs Berufsleben zu erhalten. Die selbstbestimmte und eigensinnige Aneignung muss hier bei pädagogisierten Angeboten, in Institutionen oder auch im öffentlichen Bereich besonders berücksichtigt werden. Kinder dann aufzufordern, sich ihrem Tempo gemäß mit neuen Erfahrungen auseinanderzusetzen bzw. auch über sinnliche Erlebnisse Entspannung und ‚Müßiggang' zu erleben, diese Anforderung wird zunehmend in den Angebotsbereichen für Kinder diskutiert.

Betreute oder institutionalisierte Räume

Eine weiterer wesentlicher Ausschnitt sind Kinder, die ganztägig in Institutionen betreut werden und in ihrer Freizeit durch fixe räumliche und zeitliche Vorgaben gesteuert sind. Altershomogene Gruppen, stark kontrollierte Zusammenhänge, aber auch pädagogische Anleitung und vielschichtige Angebote prägen diese Kindheiten. Wichtig erscheint hier, dass es trotzdem noch die Möglichkeit gibt, Rückzugsräume anzubieten und Individualität zu fördern. Ich denke auch, dass die räumliche Ausstattung von Betreuungseinrichtungen besonders für ganztägig betreute Kinder eine große Rolle spielt und Angebote – wie z. B. generationenübergreifende Projekte – stimmig erscheinen, sowie die Verflechtung der Bereiche Bildung, Kultur und Freizeit, vorangetrieben werden sollte. Das wären Möglichkeiten, die Aneignungsqualität auch für Kinder in institutioneller Betreuung zu erhöhen.

Nach der Darstellung der zentralen Veränderungen von Kindheit im urbanen Raum und Beispielen gestalteter Freizeiträume möchte ich abschließend zentrale Konsequenzen für die Förderung von Kindern hervorheben, die sich aus den Einschätzungen benennen lassen:

Aneignung fördern bedeutet, Räume zurück erobern

Moderne Kindheiten im urbanen Raum sind durch den gesellschaftlichen Wandel geprägt, und auch durch Verbauung, Verregelung und damit Verdrängung von Kindern aus den öffentlichen Bereichen gekennzeichnet. Damit eine Großstadt trotzdem noch Aneignungsmöglichkeiten für Kinder bieten kann, muss strukturell einiges aufgeboten werden. Öffentliche Spielorte, Bewegungsräume, institutionalisierte Angebote und pädagogisierte Freizeiträume mit spezifischen Qualitäten stellen Möglichkeiten dar.

In Wien hat es in den letzten Jahrzehnten und besonders in den letzten Jahren eine bedeutende Entwicklung gegeben, die sich zum einen auf die Einstellung zu Kindern und deren spezifischen Bedingungen des Aufwachsens, zum anderen auch in Strukturen und Angeboten äußert. Einen kurzen Einblick bietet die Entwicklung des Kindermuseums.

„Was ich beobachtet habe ist, dass das Thema ‚Kind' einfach überhaupt plötzlich viel stärker vorhanden ist, als noch vor 10 Jahren, oder vor 12 Jahren, wo das Kindermuseum gegründet wurde, da ist es doch vielerorts auf taube Ohren gestoßen, dass Kinderkultur einen Platz braucht, und was ist das überhaupt? Da ist viel dafür gekämpft worden. Mittlerweile hat jedes Museum eine pädagogische Abteilung oder ein Angebot für Kinder. Also, man merkt es einfach auch rein am Angebot, finde ich, dass sich die Wahrnehmung geändert hat und man sich mehr auf Kinder konzentriert und was die brauchen. Dass die auch als Kunden wahrgenommen werden und als Besucher von kulturellen Einrichtungen" (Abgottspon, 2006).

Mit der Entwicklung von Projekten, wie der ‚Mehrfachnutzung' in Wien (vgl. Kleedorfer, 1999), sind schon Eingeständnisse der Kommune gemacht worden, die dem Faktum Rechnung tragen, dass Kinder Freiräume brauchen und wenn sie nicht zusätzlich geschaffen werden können, dann doch temporär genutzt werden sollten. Dazu Kleedorfer:

„Mehrfachnutzung in Wien bedeutet, dass für Kinder und Jugendliche Räume geschaffen werden, zusätzlich zur offiziellen Grünflächenpolitik, die halt so lange Vorläufe hat und so viel Umstände, weil ja gekauft und umgewidmet werden muss. Und es ist einfach schwierig, dass man mehr Flächen im dicht bebauten Gebiet schafft. Mehrfach genutzt werden vor allem die stadteigenen Areale, wie die Schulen, ganz besonders die Schulhöfe, Schulsportanlagen und auch temporär genutzte Flächen, wie z. B. Baulücken. Im lokalen, aktuellen Bedarf können wir ein bisschen unterstützen durch eher improvisierte Angebote, die zumindest für jetzt und gleich schnell einmal eine Erleichterung bringen und dann auch durchaus wieder ein Ende haben können und wieder wo anders neu beginnen. Also immer diesem Bedarf nachgehen. Und das mache ich seit 1998 und wir haben doch eine ganze Menge Projekte, also weit über 100. Als Berater sind wir auch dabei und ich denke mir insgesamt unterstützt das schon diesen Wunsch, Kinder und Jugendliche als gleichwertige Bürger dieser Stadt zu sehen. Aber es gibt auch viele Bauvorhaben, wo wir einfach nicht dabei sind, wo wir nicht zufällig Verbündete gefunden haben. Aber man muss schon sagen, dass sich in den Bezirken schon einiges geändert hat in der Einstellung" (Kleedorfer, 2006).

Neben den Strukturen, die eine Stadt anbieten kann, müssen auch die pädagogischen und institutionalisierten Angebote immer wieder das Augenmerk auf die Veränderungen von Kindheiten richten. Der Bedarf von räumlichen und inhaltlichen Bewegungsräumen für Kinder, der Bedarf, Kindern neue Spiel-Räume anzubieten, die sie selbstständig besetzen können, wird in folgender Aussage deutlich:

„Was mir auffällt, ist diese große Nähe zu den Erwachsenen, sozusagen im Aktionsradius der Kinder. Früher war der Radius, wo sich Kinder bewegt haben, einfach viel größer als der jetzige, der Raum, den man einnehmen kann rund um die Eltern. Ich rede jetzt hauptsächlich auch von jüngeren Kindern und da fände ich es gut, Räume zu schaffen, wo Kinder einfach autonomer sind und autonomer mehr Platz haben. Räume, die sie gemeinsam haben, also nicht nur auf die Eltern bezogen, sondern untereinander" (Abgottspon, 2006).

Aneignung fördern bedeutet, der zunehmenden Kommerzialisierung und Eventisierung von Kindheit entgegen zu steuern

Kinder sind heute in ihren lebensweltlichen Bezügen nicht nur konfrontiert, sondern ‚überformt' von den Einflüssen der Konsumgesellschaft. Wie sehr Konsumorientierung und Event-Charakter bei gestalteten Freizeiträumen auf Kinder Einfluss nehmen, lässt sich an vielen Beispielen gut festmachen.

Hauptsächlich von kommerziellen Interessen getragene Angebote haben oft eine starke Ausrichtung in Richtung einer Förderung von konsumativem Freizeitverhalten und widersprechen in diesem Sinn einer selbsttätigen Aneignung als konstruktiver Entwicklungsaufgabe von Kindern. Dass Kinder, genauso wie Erwachsene, Spaß, Unterhaltung und Erholung brauchen, bleibt dabei unumstritten. Dass pädagogische und institutionalisierte Angebote jedoch eine andere Zielsetzung verfolgen sollten als kommerzielle Angebote, die ohnehin mit immer stärkerer Ausprägung angeboten werden, sollte auch Prämisse einer Kommune sein, die sich bewusst und fördernd modernen Bedingungen des Aufwachsens von Kindern stellt.

„Das Selbsttätige funktioniert heute nur unter qualifizierter Anleitung, ob etwas möglich wird oder ob es wieder reglementiert wird. Konsumorientierte Angebote, und ich mach das ganz klar, sind Angebote, da werden Kinder durchgeschleust, die können dort nichts verändern, nichts erfinden, und dadurch wird eine ganz andere Kultur befördert, eine Konsum-Kultur, die eh schon überall da ist – aber keine Kinderkultur" (Amelin, 2006).

Abschließend ein sehr bezeichnender Satz aus einem meiner Interviews, der als Leitsatz für gestaltete Kinderräume gelten kann: „Qualifizierte Anleitung ist das Bereitstellen der eigenen Fantasie. D. h. ich stelle mich hin und bin auf derselben Ebene, so lange bis Kinder dies einfach nicht mehr brauchen" (Amelin, 2006).

Aneignung fördern bedeutet, unterschiedliche Kindheiten wahrzunehmen

Nissen (1998, S. 191) spricht davon, dass es „nicht ‚die' Mädchen und ‚die' Jungen gibt, sondern Individuen mit ähnlichen Verhaltensweisen". Aufgrund empirischer Daten kann jedoch über die Auswirkungen von Verhäuslichung, Verinselung und Institutionalisierung gesprochen werden und über Unterschiede zwischen weiblichen und männlichen Kindern (vgl. Nissen, 1998, 179ff). Ich möchte diese Unterschiede auch noch um sozialisationsbedingte Unterschiede erweitern und im Folgenden kurz anreißen.

Mädchen und familienorientierte Kinder scheinen eher verhäuslicht und bewegen sich vor allem in institutionellen Räumen. Die gesamte Palette der Kinderkulturangebote, der pädagogisch-betreuten Angebote, erscheinen für diese Kinder wesentlich attraktiver und zugänglicher als der unbetreute Straßenraum oder öffentliche Spielflächen.

Institutionalisierte Freizeitangebote im Sportbereich werden eher von männlichen Kindern und auch von männlichen Kindern mit Migrationshintergründen angenommen. Bei den Fußball-Vereinsangeboten sind männliche Kinder mit Migrationshintergrund stark vertreten. Fußball als internationale Sportart und bekannter Breitensport ist vertraut und unterliegt keiner kulturellen Besonderheit. Die kostengünstigen Vereinsgebühren und das kulturtechnisch vertraute Milieu auf einem Fußballplatz scheinen die Barrieren abzubauen. Sportliche Aktivitäten, die mannschaftsbezogen sind, werden grundsätzlich von männlichen Kindern bevorzugt, Mädchen und Kinder aus ‚statusprivilegierten Familien' treffen wir häufiger in institutionalisierten Bildungsräumen.

Zur Verinselung gibt Nissen (1998, S. 191) an, dass sich diese „nicht auf das Aufsuchen weit auseinander liegender Orte im geografischen Sinn", sondern „um unterschiedliche sozialräumliche Kontexte, deren physisch-materielle Beschaffenheit" und die „Vorgaben für die dort ausgeübte Tätigkeit" bezieht. Sie meint damit, dass Mädchen – noch stärker als Buben – von einer Freizeitinsel zur nächsten gebracht werden, so wie wir es auch bei Kindern aus privilegierten Bildungsschichten kennen.

Regionale, kulturelle und geschlechtsspezifische Unterschiede, Unterschiede bei den Herkunftsmilieus, beim Familieneinkommen und verschiedene Bildungshintergründe müssen bei der Planung von Kultur- und Freizeiträumen für Kinder die Basis für differenzierte Überlegungen und spezifische Konzepte bilden. Wien setzt seit vielen Jahren auf Vielfalt im Kultur- und Freizeitbereich, bietet unterschiedliche Träger und Strukturen an und kooperiert mit kommunalen und kommerziellen Partnern. Das ist schon ein Stück des Weges in die richtige Richtung.

Hier nochmals zu reflektieren, welche neuen Entwicklungen es gibt und welche Bedürfnisgruppen noch nicht abgedeckt sind, wäre ein nächster und sehr notwendiger Schritt – auch vor dem Hintergrund einer sich immer stärker kulturell wandelnden und ausdifferenzierten Gesellschaft.

Literatur

Baacke, Dieter (1999). Die 6- bis 12-Jährigen. Einführung in die Probleme des Kindesalters. Weinheim-Basel: Juventa.

Benke, Karlheinz (2005). Geographie(n) der Kinder. Von Räumen und Grenzen (in) der Postmoderne. München: Meidenbauer.

Böhnisch, Lothar, Münchmeier, Richard (1990). Pädagogik des Jugendraumes. Zur Begründung und Praxis einer sozialräumlichen Jugendpädagogik. Weinheim-München. Juventa.

Böhnisch, Lothar (1992). Sozialpädagogik des Kindes- und Jugendalters. Eine Einführung. Weinheim-München: Juventa.

Böhnisch, Lothar, Lenz, Karl, Hg. (1999). Familien. Eine interdisziplinäre Einführung. Weinheim-München: Juventa.

Böhnisch, Lothar (2003). Pädagogische Soziologie. Eine Einführung. Weinheim-München: Juventa.

Deinet, Ulrich, Hg. (2005). Sozialräumliche Jugendarbeit. Grundlagen, Methoden und Praxiskonzepte, Wiesbaden: Verlag für Sozialwissenschaften.

Deinet, Ulrich (1999). Sozialräumliche Jugendarbeit. Eine praxisbezogene Anleitung zur Konzeptentwicklung in der Offenen Kinder- und Jugendarbeit. Weinheim. Leske+Budrich.

Deinet, Ulrich (1990). Raumaneignung in der sozialwissenschaftlichen Theorie. In: Böhnisch, Lothar, Münchmeier, Richard, Hg.: Pädagogik des Jugendraums. Zur Begründung und Praxis einer sozialräumlichen Jugendpädagogik. Weinheim-München: Juventa, S. 57-66.

Deinet, Ulrich, Krisch, Richard (2002). Der sozialräumliche Blick der Jugendarbeit. Methoden und Bausteine zur Konzeptentwicklung und Qualifizierung. Wiesbaden-Opladen: Westdeutscher Verlag.

Krisch, Richard (2005a). Methoden qualitativer Sozialraumanalysen als zentraler Baustein sozialräumlicher Konzeptentwicklung. In: Deinet, Ulrich, Hg.: Sozialräumliche Jugendarbeit. Grundlagen, Methoden und Praxiskonzepte. Wiesbaden: Verlag für Sozialwissenschaften, S. 161-174.

Krisch, Richard (2005b). Sozialräumliche Perspektiven von Jugendarbeit. In: Braun, Karl-Heinz, Wetzel, Konstanze et al. (Hg.): Handbuch Methoden der Kinder- und Jugendarbeit. Wien: LIT-Verlag, S. 336-351.

Krisch, Richard (2005c). „Wo bleibt die Qualität? Kinderkultur im Spannungsfeld zwischen Konsum und Kommerz, pädagogischen Ansprüchen und Bedürfnissen von Kindern". (Tagung „Wo bleibt die Qualität" – Museumsquartier, 12. April). Wien.

Muchow, Martha, Muchow, Hans Heinrich (1998). Der Lebensraum des Großstadtkindes (Hrsg. und eingeleitet von Jürgen Zinnecker). Weinheim-München: Juventa.

Nissen, Ursula (1998). Kindheit, Geschlecht und Raum. Sozialisationstheoretische Zusammenhänge geschlechtsspezifischer Raumaneignung (= Kindheiten, Bd. 11). Weinheim-München: Juventa.

Zinnecker, Jürgen (2001). Stadtkids. Kinderleben zwischen Straße und Schule (= Kindheiten, Bd. 20). Weinheim-München: Juventa.

Experteninterviews

Abgottspon, Franziska (28.7.2006). Kuratorin ZOOM Kindermuseum. Wien.
Amelin, Eric (24.7.2006). Geschäftsführer Animationsfirma ‚Müllers Freunde'. Wien.
Kleedorfer, Jutta (21.7.2006). Baudirektion. Wien

Urbane Räume – Jugendräume?
‚Methode Streetwork' in der Jugendarbeit
Öffentliche Räume

Milosz Jara & Verena Scharf

Räume der Straße

In der offenen Jugendarbeit wird auf unterschiedliche Art und Weise versucht, Jugendliche dabei zu unterstützen, sich verschiedene Räume anzueignen: *Gesprächsräume, Lern- und Erfahrungsräume, Beziehungsräume* und vieles mehr. Dazu bedient sich die Jugendarbeit verschiedener Methoden und bietet auch unterschiedliche Nutzungsangebote für Jugendliche und junge Erwachsene an. Ein wichtiger Zugang wird – neben einer parteilich-partizipativen Grundhaltung für neue Ideen oder Projekte und bestehenden Angeboten in Räumlichkeiten der diversen Jugendorganisationen – durch die aufsuchende Jugendarbeit/Streetwork geschaffen. Jugendliche werden dort ‚besucht', wo sie sich aufhalten: In Cafés, an Plätzen, in Parks u. v. m.

Streetwork wird mittlerweile ganz selbstverständlich als eigenständiges Arbeitsfeld der Sozialen Arbeit begriffen, welches sich vor allem an sehr niederschwelligen Prinzipien orientiert. Dies bedeutet, dass auch wenig ‚Vorleistungen' (z. B. Problembewusstsein, Einhaltung von Verbindlichkeiten, Drogenabstinenz) der Klientel erbracht werden müssen. Eine weitere wichtige Komponente dieser Arbeit ist auch das Agieren *in* der Lebenswelt der Betroffenen, dem *öffentlichen Raum* (vgl. Dölker u. Gillich, 2009, S. 7).

Gerade in der aufsuchenden Arbeit mit Jugendlichen werden öffentliche Räume zu *Beziehungsräumen*. Für uns als Streetworker bedeutet dies, genauso zu ‚Gast' zu sein, wie alle anderen Nutzergruppen auch. Mitunter hat dies jedoch zur Folge nur bedingt intervenieren zu können, ‚Verbote' wie ein Verweis aus den Räumlichkeiten funktionieren hier nicht.

Folglich gilt es, Kompromisse anzubieten und sich an den Gegebenheiten des öffentlichen Raumes und den Bedürfnissen der Jugendlichen zu orientieren. Werden wir nicht akzeptiert, funktioniert unsere Arbeit nicht:

„Die Arbeit mit Menschen erkennt diese als Experten ihrer Lebenswelt bzw. ihres sozialen Raumes an. Lösungen und Perspektiven müssen folglich mit den Menschen gestaltet werden. Sie werden als Subjekte mit ihren Stärken betrachtet, als aktive Akteure ihrer (Er-) Lebens- und Erfahrungswelt" (Dölker u. Gillich, 2009, S. 39).

Nur durch dauerhafte Präsenz und die dadurch entstehenden Beziehungen kann bei unterschiedlichen Problemlagen begleitet oder beraten werden. In diesem Sinne fungiert sowohl für uns, als auch für alle unterschiedlichen Nutzergruppen der öffentliche Raum – wie zum Beispiel ein Park – als *Lernort*.

Diese Lernorte beschränken sich also nicht nur auf Bildungsinstitutionen und Arbeitswelten, wo Jugendliche formalisierten und nichtformalisierten Tätigkeiten zur Unterhalts- und Überlebenssicherung nachgehen, sondern hier wird die Betonung auf Lernen als Erwerb von sozialem Kapital gelegt und somit erweitert. Lernort ist somit auch der Freizeitbereich, wo neue Erkenntnisse wachsen können, Wissen angeeignet sowie Erfahrungen in Konflikt- und Konkurrenzsituationen gesammelt werden, sodass schließlich eine eigene Meinungsbildung erfolgen kann (vgl. Luig u. Seebode, 2003, S. 20).

Aber auch Raumgestaltung und die Möglichkeiten zur Raumaneignung spielen im öffentlichen Raum eine wichtige Rolle. Wie ist etwa ein Park angelegt? Gibt es genug Bewegungsräume für Jugendliche (z. B. Fußballkäfige, Basketball/Volleyballbereiche, Bänke, Gesprächsorte), wie wird mit Lärm umgegangen bzw. mit den unterschiedlichen Nutzergruppen ausgehandelt (bspw. alte Menschen, Kleinkinder und dazugehörige Eltern, ...)?

Im öffentlichen Raum ‚Park' treffen folglich unterschiedliche Bedürfnisse aufeinander und es werden eigene, neue Regeln ausgehandelt:

„Der Jugendliche verlässt offizielle, unabhängig von ihm bestehende Räume, wenn er die Straße betritt: Das Haus oder die Wohnung der Eltern bzw. Verwandten, den unmittelbar angrenzenden Hof, die Schule. Er verlässt den unbestrittenen Geltungsbereich familiärer Hierarchien und geteilter Verantwortung für Ehre und Schande, Richtig und Falsch, Recht und Unrecht" (Luig u. Seebode, 2003, S. 55).

Dies bedeutet, dass viele junge Menschen die jeweils spezifischen Regeln und Haltungen vor Ort neu erlernen bzw. mitgestalten müssen, Streetwork versucht hierbei zu unterstützen. Aber ebenso orientieren sich auch die Jugendarbeiter an diesen ungeschriebenen ‚Gesetzen' bzw. versuchen an diese mit Respekt und Wertschätzung heranzugehen. Das bedeutet jedoch nicht, auf allgemeine Werte und Normen (wie bspw. auf eine antirassistische Grundhaltung) zu verzichten, viel eher soll hier eine ‚Vorbildfunktion' durch bestimmte vermittelte Werte mit einfließen.

Dennoch, der öffentliche Raum ist ein Raum für jedermann. Es besteht nicht die Möglichkeit wie in privaten Räumen mit Ge- und Verboten zu agieren. Vielmehr muss auf niederschwellige Art und Weise versucht werden, für alle unterschiedlichen Nutzergruppen einen *Wohlfühlraum* zu schaffen, denn wo viele unterschiedliche Menschen aufeinander treffen, entstehen immer auch *Konflikträume*.

Neben manchmal schlecht durchdachten raumplanerischen Konzepten[1], hängen die meisten Konflikte mit Nichteinhaltung, aber auch Nicht-Wissen dieser Regeln zusammen. Einen Teil unserer Arbeit in der Streetwork macht daher auch Erfassen, Weitervermitteln und Übersetzen dieser Regeln bzw. Hilfestellung zum gemeinsamen Erlernen aus.

Aber haben alle Jugendlichen dieselben Bedürfnisse oder Ansprüche an öffentliche Räume? Wie sieht es mit einer geschlechtergerechten Verteilung oder mit den unterschiedlichen Möglichkeiten zur Raumaneignung aus?

Oftmals gelten gerade im Bereich ‚Käfig' strikte Regeln, die viele Jugendliche zwingen, Alternativen aufzusuchen. Hier kommen vor allem Kategorien wie Alter, soziale Schicht, Ethnizität bzw. Herkunft oder Geschlecht zum Tragen. Beispielsweise nutzen ‚jüngere' Jugendliche den Käfig nur dann, wenn ‚ältere' Jugendliche ihn nicht benutzen bzw. nicht anwesend sind.

Auch für Mädchen und junge Frauen ist der Käfig meist tabu. Dies liegt oftmals an den spezifischen Sportarten, die dort ausgeübt werden bzw. an der geschlechtsspezifischen sportlichen Sozialisation der Jugendlichen. Andererseits ist auch zu beobachten, dass Mädchen, die dennoch diese Räume für Fußball, Volleyball und Co nutzen, aufgrund ihres Geschlechts oder ihrer sportlichen Leistungen vielen dummen Sprüchen

---

[1] Erfreulicherweise werden jedoch in letzter Zeit vermehrt unterschiedliche Nutzergruppen in die Planung von neuen bzw. umzubauenden Parkanlagen eingebunden, um so die unterschiedlichen Bedürfnisse abzudecken.

ausgeliefert sind. Somit erscheinen uns gerade diese Sporträume als vermeintlich binäre *Geschlechterräume*. Indem wir aber gemeinsam mit dem ‚flash-Mädchencafe', eine Einrichtung der Wiener Jugendzentren für Mädchen und junge Frauen, uns den Raum Käfig aneignen und bespielen, versuchen wir dem entgegenzuwirken. Was in diesem Fall bedeutet, dass die weiblichen Mitarbeiter unserer Einrichtung ‚tangram' gemeinsam mit den Mitarbeitern des ‚flash-Mädchencafes' regelmäßig Fußball und andere Ballsportarten im Raum Käfig spielen und so vielen Mädchen und jungen Frauen die Möglichkeit bieten, niederschwellig und ohne strikte Rollenzuschreibungen diesen Raum kennenzulernen, aber auch zu ‚ent-geschlechtlichen'.

Für viele Jugendliche oder jugendliche Cliquen ist in Städten wie Wien gerade der Park ein wichtiger Beitrag zur Identitätsbildung. ‚Mein Park' ist somit ein oft gehörter Satz in der Jugendarbeit. Trotzdem konnten wir im letzten Jahrzehnt beobachten, dass dieses Zugehörigkeitsgefühl fluktuierender geworden ist. Während Kollegen der Wiener Jugendarbeit, die vermehrt in dezentraleren Stadtteilen arbeiten, nach wie vor fixe jugendliche Cliquen an öffentlichen Orten vorfinden, hat sich gerade in zentralen Bezirken mit guter öffentlicher Verkehrsanbindung eine erhöhte Flexibilität in der Raumaneignung eingestellt. Viele Jugendgruppen ‚wandern' und sind an vielen Orten zuhause. Demgegenüber hat auch die Streetwork etwas an dauerhaften Beziehungen verloren; eher lernen wir viele junge Menschen kennen, die wir kurz- bis mittelfristig begleiten, bevor sie wieder verschwinden.

Dies mag einerseits damit zusammenhängen, dass viele Jugendliche bereits mit biographischen und lokalen Diskontinuitäten aufwachsen (vgl. Luig u. Seebode, 2003, S. 18) und auch mit einer kulturellen Heterogenität konfrontiert sind, was unter anderem ihr Peer-Group-Verhalten sowie ihre Sozialisation beeinflusst. Zudem entstehen auch durch das Web 2.0 vermehrt Möglichkeiten zu einer steigenden virtuellen Mobilität, gerade was das Kennenlernen anderer Jugendlicher oder anderer Jugendkulturen angeht.

Auch hier versucht die Jugendarbeit durch gezielte Projektarbeit *Ausdrucksräume* zu schaffen. Dies kann durch niederschwellige Projekte mit neuen Medien entstehen, die durch Online-Portale wie youtube oder facebook ohne großen Aufwand verbreitet werden können und unserer Erfahrung nach auf große Begeisterung stoßen. Natürlich muss hierbei immer noch auf das Recht am eigenen Bild etc. hingewiesen werden, allerdings ist dies oft ein Einstieg um auf verantwortungsbewusstes Nutzen neuer Medien hinzuweisen.

Erlebnisräume: Jugendliche Raumaneignung durch Musik und Tanz

Aber auch Musik und die Zugehörigkeit zu einer bestimmten Jugendkulturszene spielen oft eine entscheidende Rolle in der Identitätsbildung von Jugendlichen. Das Aussehen, die Jugendsprache und der Lebensstil prägen die jeweilige Subkultur. Sie sind oft ein Versuch, sich bewusst dem gesellschaftlichen Mainstream, sprich der vorherrschenden Erwachsenenkultur, zu widersetzen. Musik bzw. ein innovativer Musikstil wirken dabei sehr oft sowohl als Auslöser, wie auch als Bindeglied oder Orientierungshilfe für Jugendkulturen. Auswendig rezitierte Songtexte, Kleidungsstile und gelegentlich auch runtergeladene ‚ringtones' (Anrufmelodien für Mobiltelefone) lassen häufig auf eine Szenezugehörigkeit rückschließen.

„Das Bedürfnis, sich selbst in der Umgebung wieder zu finden, ist bei Jugendlichen sehr ausgeprägt. Stärker als in jeder anderen Altersphase wird nach Identitätssymbolen in der unmittelbaren Umgebung gesucht, wird die Umgebung entsprechend gestaltet und den eigenen Interessen angepasst" (Hill, 2004, S. 333).

Öffentliche Räume, insbesondere Parks ermöglichen die Zusammenkunft sowie den kulturellen und sozialen Austausch in einem geschützten Rahmen, der durch Gruppenbildung und Szenezugehörigkeiten oft initiiert wird. Sie tragen dazu bei, dass Identifikation stattfindet und sich ein Gefühl der Zugehörigkeit zur Gruppe oder zur Clique entwickeln kann.

Beispielsweise hat sich in den letzten Jahren der Vorplatz rund um das Museumsquartier zu einem wichtigen Treffpunkt für die Jugendkultur der ‚Emos' entwickelt. Durch die anfängliche Aneignung einzelner Cliquen ist dieser Platz mittlerweile ein stadtbekannter Treffpunkt für Angehörige dieser Jugendkultur geworden.

Die offene Jugendarbeit zielt darauf ab, die Jugendlichen besonders beim Ausdruck ihrer Bedürfnisse und der im Zitat erwähnten Gestaltung ihrer Umgebung zu unterstützen. Dies veranlasste uns, vermehrt Projekte und Aktionen mit Kindern und Jugendlichen im öffentlichen Raum durchzuführen.

Musikworkshops, Jam-Sessions und Live-Darbietungen wurden im Park oder auf der Straße ins Leben gerufen, wodurch mit dem Park als Bühne ein neuer *Identitäts- und Kreativraum* entsteht.

Soundcheck on Tour – eine Musikwerkstatt im Park

Ein Versuch, den unterschiedlichen Identitätsprojekten von Jugendlichen eine Bühne zu geben, war die Musikwerkstatt ‚Soundcheck'.
Das Konzept dieser Werkstatt basiert ursprünglich auf dem Prinzip der niederschwelligen Musikvermittlung. Sie nimmt Musik als wichtiges Medium der Jugendlichen wahr und ermöglicht ihnen, ohne musikalische Vorkenntnisse und mittels einfacher digitaler Homestudio-Ausstattung musikalische Ideen in die Tat umzusetzen.

‚Soundcheck on Tour' entstand in Zusammenarbeit mit dem Verein Bahnfrei als Pilotprojekt für eine überregionale Musikwerkstatt und wurde im Rahmen des Street Art Jam auf dem Skaterplatz an der Lüssenpromenade im 21. Bezirk durchgeführt. Zahlreiche Jugendliche konnten sich unter freiem Himmel in verschiedenen Musikstilen erproben und ihrer Kreativität freien Lauf lassen. So konnte bei vielen die Angst öffentlich zu singen bzw. zu rappen überwunden, aber auch das Gefühl vermittelt werden, *urbanen Raum* durch Beats, Melodien und Verse ‚einnehmen' zu können. Bei dieser Gelegenheit konnten auch neue Kontakte geknüpft werden, was im weiteren Verlauf musikalische Kooperationen zwischen den Teilnehmern beider Bezirke (7. und 21. Bezirk) ermöglichte.

Jenes öffentliche Musikmachen hatte also nicht nur zur Folge Scheu vor kreativem Ausdruck abzubauen, sondern es konnte eine ganz eigene Atmosphäre entstehen – ganz ähnlich einer kleinen Open Air Darbietung, wo sich das Publikum spontan um das Geschehen herum formt. Bemerkenswert dabei war die zunehmende Selbstsicherheit und Überzeugung der Performer und damit verbunden das Gefühl, dass es in Ordnung ist, laut und öffentlich die eigene Meinung zum Ausdruck zu bringen. In klassischer Hip-Hop-Manier wurde dabei das Mikrofon immer weitergereicht, was mitunter das Gemeinschaftsgefühl und die

Gruppenzugehörigkeit positiv beeinflusste und unbeteiligte Jugendliche zum Mitmachen anregte.

Projekt ‚Harlem Shake'

Internet-Trends zeichnen sich durch ihre Kurzlebigkeit, aber ebenso durch die Reaktivität und Kreativität der Internetnutzer aus: Das Anfang 2013 lancierte globale ‚Harlem Shake'-Phänomen hat seinen Ursprung in einem Hip-Hop-Video, dessen musikalische Untermalung als Vorlage für selbstgedrehte und im Netz veröffentliche Tanzperformances diente, die international wiederum tausende weitere Nachahmer fanden.

Die Prinzipien des ‚Harlem Shake' sind zunächst eine alltägliche Umgebung (z. B. Wohnzimmer, Büro etc.) und ein maskierter Tänzer, der sich acht Takte lang zu einem charakteristischen Musikloop bewegt, während die restlichen Mitwirkenden absolut desinteressiert wirken. Wenn der Beat einsetzt, gibt es einen Schnitt und alle Tänzer fangen an, sich eigenwillig und frenetisch zu bewegen ...

Im Rahmen eines Streetwork-Projektes luden wir Jugendliche zu einem ‚Harlem Shake' Video-Dreh in den Urban-Loritz-Park ein. Ziel war es, gemeinsam mit den Parkbesuchern den zum Trend gewordenen Tanz auf deren eigene Art zu choreografieren, darzustellen und auf youtube zu veröffentlichen. Als Streetworker interessierte uns in diesem Kontext die Umwidmung des dortigen Fußballkäfigs von einem alltäglichen Freizeitraum in einen Videodrehort speziell für Jugendliche.

Der Plan stieß trotz der zahlreichen virtuellen Zusagen auf einen anfänglichen Widerstand einiger Jugendlicher, besonders eine Gruppe Fußballer sah keinen Anreiz, die gewohnte Spielfläche anders als üblich zu nutzen. Schrittweise und mit jeder neuen Choreografie, die u. a. auch ihre Fußballkünste berücksichtigte, ließen sie sich für die Teilnahme begeistern. Nach dem ersten Dreh kamen auch Jugendliche hinzu, die anfangs die Idee als ‚blöd' oder ‚uncool' empfanden, dann aber mit eigenen Interpretationen aufwarteten und unbedingt vor der Kamera vorführen wollten.

Der Käfig wurde somit zu einer Bühne für die Jugendlichen und der Fußballplatz, wo in alltäglichem Kontext ein Geschicklichkeits- und Kraftmessen stattfand, zu einem *Ausdrucksraum*, wo Mädchen und Burschen ihrer Kreativität freien Lauf lassen konnten. Dank der Aktualität des Tanzes und des musikalischen Aspekts des Projektes war es möglich, Jugendliche aus verschieden Parks und Cliquen zusammen zu führen und zur Mitgestaltung und Teilnahme zu gewinnen.

Auch hier wurde den Teilnehmenden ein besonderes Gefühl der Zugehörigkeit vermittelt, indem durch Musik, Tanz und das Anregen zur Mitgestaltung gewohnte Abläufe im öffentlichen Raum durchbrochen wurden und ein Gemeinschaftserlebnis entstehen konnte.

Soweit einige Beispiele, wie Raumaneignung in urbanen Zusammenhängen funktionieren kann. Den Möglichkeiten dazu sind kaum Grenzen gesetzt. Natürlich gilt es Bedürfnisse anderer Nutzergruppen zu berücksichtigen bzw. müssen geplante Aktionen zum Teil auch über Behörden angemeldet werden. Allerdings sollten Jugendliche mit all ihren Wünschen und Bedürfnissen ernst genommen und in geplante Aktivitäten partizipativ eingebunden werden. Somit kann auch Verantwortung gemeinsam getragen und das Repertoire an sozialen Handlungskonzepten für Jugendliche noch erweitert werden.

In diesem Sinne können auch hier die Worte Pipi Langstrumpfs wirken: ‚Wir machen diese Welt, wie sie uns gefällt!'

Literatur

Dölker, Frank, Gillich, Stefan, Hg. (2009). Streetwork im Widerspruch. Handeln im Spannungsfeld von Kriminalisierung und Prävention. Gründau-Rothenbergen: Triga.

Hill, Burkhard (2004). Sich selbst in der Musik wieder finden, Musik in der Jugendarbeit. In: Hartogh, Theo, Wickel, Hans Hermann (Hg.): Handbuch Musik in der Sozialen Arbeit. Weinheim: Juventa.

Luig, Ute, Seebode, Jochen, Hg. (2003). Ethnologie der Jugend. Soziale Praxis, moralische Diskurse und inszenierte Körperlichkeit. Münster: Lit-Verlag.

Müller-Bachmann, Eckart (2009). Un(k)en(nt)dliche Differenzierungen: Jugendkulturen nach der Jahrtausendwende. In: Fischer, Christina, Athemeliotis, Alexis (Hg.): Jugend – Migration – Sozialisation – Bildung (Festschrift zum 65. Geburtstag von Hartmut M. Griese). Berlin: Lit-Verlag, S. 116-133.

Beglücken statt Beglucken?
VerSchonräume

Birgit Benke

Ist das Leben heute bloß riskant oder doch riskanter, als jenes, wo wir selbst noch Kinder waren? Waren die Zeiten einfach nur so anders oder unsere Eltern wirklich um einiges ‚sorgloser'?
Wie viel sollte man ein Kind fordern, um zu fördern – wie wenig aber ist noch zulässig, um es nicht zu unterfordern? Was ist kindgerecht und was altersgerecht? Behüten oder doch lieber überbehüten? Dies scheinen wichtige Fragen auf dem Weg der Begleitung des Kindes zu sein. Aber sind diese Fragen wirklich essentiell oder vertrauen wir einfach nicht mehr unserem Bauchgefühl und lassen vielmehr die Experten in den unterschiedlichsten Medien für uns denken?
Medienberichte über Unfälle, Entführungen zeigen uns, dass die Welt gefährlicher geworden sei. Doch nicht die Anzahl der Vorfälle hat zugenommen, vielmehr hat sich die Berichtshäufigkeit bzw. die Sensibilität diesbezüglich erhöht. Denn objektiv gesehen war die Welt für Kinder noch nie sicherer als heute.
Wir scheinen uns damit angefreundet zu haben, dass wir heute in einer ‚Gesellschaft der Sicherheitsmaximierung' (Ahne) leben, in der das Wort Risiko einen negativen Beigeschmack hat – vor allem, wenn es um Kinder geht. Wo aber liegt der Unterschied zwischen echter Gefahr, Wagnis und Risiko?

„Gefahr ist etwas, das ein Kind nicht sieht und wovor es bewahrt werden muss: ein offenes Fenster im dritten Stock, giftige Chemikalien, Strömungen im Gewässer. Ein Wagnis oder Risiko hingegen stellt eine Herausforderung dar, die das Kind erkennt und bei der es selbst entscheiden kann, ob es sie annehmen möchte: Wie weit traue ich mich auf den Baum hinauf? Falle ich, wenn ich mit dem Fahrrad eine enge Kurve mache" (Ahne, 2012, S. 3)?

Hoppe hoppe Reiter, wenn er fällt, dann schreit er.
Fällt er in den Graben, fressen ihn die Raben.
Fällt er in den Sumpf, macht der Reiter plumps!

Balance zwischen Spiel und Angst

Keine Frage: Kinder müssen sich auch überwinden (lernen) und dabei schon einmal sprichwörtlich hoch hinaus. Entweder, um sich zu beweisen oder um ihre Höhenangst abzubauen. Sie gehen völlig in ihrem Spiel auf und sind sich oft nicht mehr jener Gefahren bewusst, die auf sie lauern. Das Risiko reizt und im Spiel zwischen Wagnis und Risiko loten sie ihre eigenen Grenzen aus. Sie besiegen *so* ihre großen und kleine Ängste, lernen sich geschickt zu bewegen und Situationen richtig einzuschätzen. Sie gewinnen *so* Sicherheit für ihr Leben und lernen *so* mit späteren Ängsten umgehen.

Wer viel mit Kindern zu tun hat, weiß, wie sehr diese manchmal den Nervenkitzel lieben und brauchen. Die norwegische Psychologin Ellen Sandseter (in Ahne, 2012, S. 1) hat bei spielenden Vorschulkindern sechs Betätigungsfelder ausgemacht, die bei Kindern wie Aufsichtspersonen gleichermaßen als besonders aufregend empfunden wurden:
– große Höhe,
– Klettern,
– Abspringen von festem oder wackeligem Untergrund,
– Balancieren,
– kopfüber Hinunterhängen sowie
– Schwingen (möglichst weit nach oben).

Aber auch ‚wildes Toben und Raufen' wird vor allem bei Jungen als besonders riskant eingestuft. Gerade Buben begeistert kaum etwas so sehr wie der Kampf: ‚Echte Waffen' wie Holzschwerter, Lichtschwerter oder Wasserpistolen lassen jedes Bubenherz höher schlagen. Tränen, Blaue Flecken und Beulen sind da zwar mit an der Tagesordnung, aber beides – nämlich Treffer zu landen wie auch Schmerzen zu dulden – will erlernt sein. (So gesehen hätte wohl heute auch noch der berühmte Blutsbrüderbeweis bei Winnetou und Old Shatterhand seine eigene Faszination, würden wir unseren Kindern diese Filme zeigen.)

Aber auch deren Vorliebe für ‚hohe Geschwindigkeiten' ist nicht gerade das, was Erwachsenenherzen höher schlagen lässt. Sie lässt aber kleine wie ältere Kinder freudig jauchzen, wenn sie beim Schaukeln, Rutschen oder Achterbahn fahren in einen wahren ‚Temporausch' geraten. Wenn auch uns Erwachsenen vielleicht einmal beim Zusehen der Atem stockt oder sich der Magen krümmt: Kinder brauchen diese Wagnisse, sie müssen sich blaue Flecken holen, wollen sie sich psychisch und körperlich gesund entwickeln.

Was also wie ein Widerspruch klingt, nämlich Gesundheit und blaue Flecken, fordert nicht nur die Kinder heraus, sondern vor allem uns Erwachsene: Wir werden (als Eltern hingegen) wieder lernen müssen, Risiko auch als etwas Positives zu sehen (vgl. Ahne, 2012).

> Steigt ein Büblein auf den Baum,
> steigt so hoch, man sieht es kaum,
> hüpft von Ast zu Ästchen bis ins Vogelnestchen,
> ei, da lacht es – ei, da kracht es,
> plumps, da fällt es runter!
> Die Mutter hat's gefunden und hat es schnell verbunden.

Auf ins Abenteuer!

Volksschulkinder lieben es Baumhäuser zu basteln, die keiner Sicherheitsüberprüfung standhalten würden, sie lieben es wöchentlich neue Clubgründungen einzugehen und finden besonderen Gefallen daran, alle möglichen Nachbarn zu beobachten, um diese Erkenntnisse dann den anderen ‚Detektiven' mitzuteilen. Sie finden es zunehmend spannend sich zu verstecken, unbekanntes Terrain zu entdecken, einfach außer Sichtweite der Erwachsenen zu sein. Sie genießen es ‚sich zu verirren'.

„Doch die Realität heute sieht anders aus: So finden die Kinder der Stadt kaum noch Altersgenossen auf der Straße, mit denen sie durch Hinterhöfe streichen können" (Moser, 2012, S. 74). Und auch die Kinder auf dem Land müssen sich ebenfalls schon auf eine lange Suche nach einem Spielkameraden machen, um endlich wieder einmal im nahegelegenen Wald mit anderen einen Staudamm bauen zu können.

Erinnern wir uns kurz, wie das früher war: Früher verspürte man das absolute Freiheitsgefühl, alleine ins Schwimmbad zu gehen, um dort den ganzen Nachmittag mit seinen Freunden zu verbringen; sich ein Eis zu teilen und mit dem übrig gebliebenen Geld noch eine Senfsemmel zu ergattern. Heute hat beinahe schon jedes Einfamilienhaus sein eigenes

Pool, um nur ja nicht den ‚beschwerlichen' Weg ins Schwimmbad antreten zu müssen. Viele haben sich ihre eigene, allerdings auch sozialisolierte *Lebensraum-Insel* bereits erschaffen. Pool und ein Wohnzimmer (das eher einem Kino gleicht) inklusive!

Der *freie Raum*, in dem sich unsere Kinder bewegen dürfen, ist geschrumpft (vgl. Benke, 2005, S. 273ff) und selbst die verbliebenen Räume werden von uns Erwachsenen mit der längsten Nabelschnur der Welt, dem Mobiltelefon, überwacht. Und die Kinder spüren diese Ambivalenz von Freiheit und Überwachung. Einerseits sollen Kinder in einer zunehmend riskanter werdenden Welt bestehen und vieles ‚machen', andererseits werden sie aber möglichst lang von eben dieser fern gehalten. Und diese Gratwanderung stellt die Erwachsenen oft vor die Situation, rasch (und daher vielleicht nicht reflektiert genug) Entscheidungen treffen zu müssen ... – zu rasch vielleicht, damit sie dann auch haltbar sind.

Apropos Gefahr: Kinder lieben auch gefährliche Geräte wie Messer, Sägen oder Hämmer. Was vermutlich so mancher ‚behütenden' Mama die Haare zu Berge stehen lässt, wenn sie sieht, wie der Fünfjährige versucht, einen Nagel in das Brett zu schlagen während der anwesende Papa schon stolz das nächste Werkzeug für seinen Nachwuchs parat hält. Doch halt! Spüren Sie es nun auch – das mit der Behütung?

„Der Begriff ‚Behüten' ist negativ besetzt, da er mit Autonomieverlust, Einschränkungen und Enge in Verbindung gebracht wird. Behüten geht Hand in Hand mit der Zustandsbeschreibung der ‚heilen Welt' [...]. Behüten im eigentlichen Sinn bedeutet aber gerade nicht, den Kindern eine heile Welt in Fassaden aufzubauen, alle Gefahren herunterzuspielen und ihnen alles Problematische vorzuenthalten. Es bedeutet vielmehr, ihnen Probleme in einer Art und Weise klarzumachen, die sie verarbeiten können, ihnen Schutz vor Eindrücken zu bieten, die sie wirklich überfordern, sie erschrecken oder ihnen Angst machen, ihnen, wenn das nicht möglich ist, bestmöglich bei der Verarbeitung einer problematischen Situation zu helfen und ihnen die Sicherheit zu bieten, die sie brauchen, um sich die Welt nach und nach selbst zu erobern" (Frobel, 1999, S. 3).

Um aber nochmals auf das obige ‚gefährliche' Beispiel zurückzukommen: Hier könnte ein Besuch auf einem Bauernhof möglicherweise nahezu therapeutisch auf ängstliche Mütter wirken. Wenn sie sieht, wie ein Sechsjähriger mit dem Traktor über den Hof fährt, währenddessen sich die vierjährige Schwester gerade an der Melkmaschine versucht. Wo

die Eltern der Kinder wohl stecken? Sie sind seit einer Stunde im Stall beschäftigt ...
Ein elterliches Verhalten, das nicht nur sehr entspannt wirkt, sondern auch den Rollenwechsel zeigt, der sich in den letzten Jahren vollzogen hat. Warum sich Eltern heute so stark auf ihre Kinder fokussieren, erklärt der dänische Familientherapeut Jesper Juul wie folgt:

> „Früher, als unsere Gesellschaft noch weniger wohlhabend war, waren die Mütter auch anwesend, nur hatten sie meist zu tun. Heute sehen viele ihre Elternschaft als Projekt. Eine sehr egozentrische Sicht, weil man sich dabei als erfolgreiche Mutter oder erfolgreicher Vater fühlen will" (Juul, 2012, S. 44).

Was Kindern aber manchmal fast den Atem nimmt, ist nicht nur diese spezielle Form von ‚fürsorgender Beglückung', sondern auch eine Art irrationaler Fürsorge der Eltern. Beide verleiten dazu, weniger auf das Bauchgefühl als vielmehr auf die Kopfstimme zu hören – und führen somit weg vom EQ und hin zum IQ (vgl. Benke, 2012). Gerade in der Mittelschicht herrscht nämlich die Sorge, dass man den Kindern etwas bieten muss: Action *und* IQ (nur dann sei man auch ein gleich guter Elternteil wie der Nachbar)! Getrieben von der Angst, dass die eigenen Kinder IQ-mäßig schlechter abschneiden könnten als Gleichaltrige, wenn sie sich nachmittgas in der Natur aufhalten, werden sie stattdessen zur Klavierstunde, dem Englischkurs oder ähnlichen Aktivitäten gebracht. Aus der Traum vom Toben. Dabei würde gerade Toben schlau machen:

> „Toben ist ein Synonym für die Bewegungsfreude von Kindern – und nicht mit ziellosem Herumgerenne gleichzusetzen. Sich bewegen heißt, selbst aktiv zu werden und dabei etwas über sich selbst und seine räumliche und dingliche Umwelt zu lernen. Das Erkunden der Umwelt über Bewegung vermittelt Kindern ein Bild von der Welt. Sie gehen nicht nur lustvoll, sondern auch experimentell mit ihrer eigenen Bewegung um. Beim Schaukeln zum Beispiel prüfen sie sehr genau, wie sie mit ihrer Körperhaltung den Schwung verstärken oder bremsen können. Alle Informationen, die das Gehirn erreichen, werden gefiltert, ausgewählt und im limbischen System emotional bewertet. Wird eine Aufgabe erfolgreich gelöst, steigt der Pegel der Überträgersubstanz Dopamin und löst dadurch ein Glücksgefühl aus – der lernende Mensch bekommt so Lust auf mehr. Toben macht schlau" (Zimmer, 2012, S. 14).

Behütung und *VerSchonung* kappt also im doppelten Sinne jeglichen *Freiraum* für Kinder und zeigt, dass Kinder für ihre Lernerfahrungen ebenso vielfältige Grenzerfahrungen des Erfolgs brauchen wie Erlebnisse des Scheiterns. Und dies in ebenso unterschiedlichsten Lernumgebungen.

> Lirum, Larum, Löffelstiel,
> wer nichts lernt,
> der kann nicht viel.

Bewegung macht schlau

Dass Bewegung einen positiven Effekt auf den kindlichen Intellekt hat, ist unbestritten. Wobei als Faustregel gilt: Eine Stunde Sport am Tag beflügelt den Geist.

Aber es gilt auch, wie die kanadische ‚Trois-Rivière-Studie' zeigt (vgl. Moser, 2012, S. 79): Je besser der Fitnesszustand, desto besser die fachlichen Leistungen in Mathematik und Lesen. Und zwar nicht, weil die Kinder zusätzlichen Fachunterricht erhalten haben, sondern weil sie zusätzliche Bewegungseinheiten in der Schule zugesprochen erhielten. Wenn dies so einfach ist, dass die Gleichung ‚Mehr Bewegung = Mathegenius' lautet, ist es dann nicht Zeit, dass sich einiges bewegt hinsichtlich Bewegung in der Schule?

„Früher war für Kinder die Bewegung eher Mittel zum Zweck, eben dorthin zu kommen, wo es gerade spannend war. Da ging man schon einmal längere Strecken zu Fuß oder radelte – das war Alltag" (Moser, 2012, S. 79). Heute chauffieren Eltern ihre Kinder und bringen sie so um diese wertvollen, vielsinnigen Wahrnehmungserfahrungen. So kann heute ein Fünfzehnjähriger zwar im Bruchteil einer Sekunde eine vollständige Nachricht in sein Handy tippen, aber einen Purzelbaum kann er nicht mehr machen. Die tägliche Turnstunde ist bis heute nicht auf unseren Stundenplänen zu finden und so liegt es – nicht nur an unseren (Schul) Politikern – sondern vor allem auch an uns Eltern, ihnen diese ‚andere' Art von Fitness zu ermöglichen.

So sollten sich nach der Schule Kinder und Jugendliche nicht an ihren Computer oder ihre Spielkonsole zurückziehen, sondern ein oder zwei Stunden im Freien toben *dürfen*. Auch des sozialen Kontaktes wegen, denn wer sich nicht bewegen kann, kommt auch schwerer mit anderen Kindern in Kontakt; und darunter leiden Selbstvertrauen und auch Lernvermögen, weil die Möglichkeiten ‚sich zu messen' fehlen.

Doch es gibt auch eine andere Seite der Medaille:

„Umgekehrt erleben Kinder aber auch Furcht, wenn Anforderungen und Erwartungen ihre Fähigkeiten übersteigen, etwa weil ihre Eltern Mut verlangen, obwohl sie noch nicht so weit sind. Wer sich als Folge solcher Interventionen nicht sicher bewegt, bewegt sich oft auch nicht gern: Das fängt beim Turnunterricht an, den ungeschickte Kinder nicht selten als demütigend und ausgrenzend erleben, sofern aufmerksame Lehrkräfte hier nicht klar gegensteuern" (Ahne, 2012, S. 3).

Nicht immer aber muss es gleich eine spezielle sportliche Aktivität sein, die Kinder reizt – Exotisches wie Kendō oder Capoeira, was zudem weit entfernt bzw. nur mit Hilfe eines Elternteils ausführbar ist. Nein, Bewegung und Sport finden schon vor der eigenen Haustür statt. Zudem hat das Spielen in der Natur oder auf naturnahen Spielplätzen gegenüber den Sportstunden in Vereinen ja auch einige Vorteile: es steht der Abentuereffekt über dem Leistungsdruck, der Kindern oftmals nur die Bewegungslust verleidet. Fantasie regiert anstelle der Kraft, wenn Felsen zu unbezwingbaren Bergen umfunktioniert werden, in denen Drachen einen Schatz bewachen und Blumenwiesen zu Feenwohnungen werden.

Dort in freier Natur können Kinder stundenlang in ihren eigenen Welten versinken und den Flow (siehe Benke *Auf dem Weg zum eigenen Glück*) als jenen Bewusstseinszustand erleben, der als Balsam für unsere Psyche gilt – jenseits des erwachsenen Überwachungsblickes.

Tri, Tra, Troll,
es regnet ja ganz toll!
Meine Haare werden nass,
ach, was ist das für ein Spaß!

Spiel und Entwicklung

„Ich tue alles für mein Kind, aber spielen liegt mir nun einmal nicht". So zitiert der Pädagoge Karl Gebauer (2011, S. 10) nur eine typische Äußerung von Eltern, mittels derer dem Kind anstelle von *selbstbestimmten Möglichkeiten* ein Katalog von Beschäftigungsmöglichkeiten in Gestalt von *fremdbestimmten Fertigräumen* angeboten wird: Indoor-Räume, Kletterhallen, Spielplätze. Hier soll der Nachwuchs spielen! Fast ‚natürlich' ist auch, dass die Kinder dorthin gebracht werden, um nach zwei, drei Stunden – genervt von der Lärmkulisse und enttäuscht vom Angebot –

wieder abgeholt zu werden. Zurück im Auto möchte der Junior nur noch ‚Auto erspähen' spielen. Will heißen: Wer schafft es, die meisten roten Autos zu entdecken und so Punkte zu sammeln? Die letzten Stunden sind kein (besonderes) Thema mehr. Und die Bestätigung dazu folgt, wenn man dieses Kind abends fragt, was heute das Lustigste war. Und das Kind sagt: „Auto erspähen!"

Der Wissenschafter André Frank Zimpel (in Klippert, 2012, S. 7) sieht im Spiel „einen zu Unrecht verworfenen Schlüssel zum Erziehungserfolg". Mit Unbehagen beobachtet er auch übersteigerte Bildungsansprüche von Eltern und einen sich ausbreitenden Aktivitäts- und Förderwahn. Fremdsprachen statt Kasperltheater, Sudoku statt Schatzsuche, Lernwörter statt Prinzessin sein. Eine Forcierung des IQ zulasten des EQ, den Benke (2012, S. 20) über die Metapher einer ‚0-2-4-6-Erlebnisdichte' beschreibt: „Noch vor seiner Geburt hört das Kind bereits klassische Musik, mit zwei Jahren lernt es mittels Suzuki-Methode Geige, mit vier Jahren spricht es zwei Sprachen und mit sechs Jahren fungiert es als perfekter Partner-Ersatz in Patchwork-Familien."

Doch auch heute gilt noch: Spielen ist viel mehr als nur Zeitvertreib, der den Sprösslingen das Glück des Augenblicks vermittelt. Es steuert grundlegend ihre Entwicklung und trägt entscheidend dazu bei, ihre Potentiale zu entfalten. Denn Kinder werden als Entdecker geboren, sie wollen lernen und ihre Welt erkunden (vgl. Klippert, 2012).

Kinder brauchen Zeit und Raum, um vielfältig spielen zu können und sich die Welt im Spiel wirklich werden zu lassen. Denn das Spiel ist so etwas wie der „Wahrnehmungskanal, durch den die Welt in den Kindern den Eingang findet", so der Philosoph Andreas Weber (in Klippert, S. 7). Wenngleich Spielen und Lernen in den ersten Lebensjahren ja identisch sind, bedeutet die kindliche Weltaneignung im Spiel nahezu einen Fulltime-Job: Rund 15.000 Stunden nämlich, so schätzen Experten, sollten Kinder bis zum sechsten Lebensjahr spielen *dürfen*. Wie oft aber hört man: „Lass doch das Spielen endlich mal sein!" Doch bereits Astrid Lindgren hat auf die Bedeutung des Spiels verwiesen:

„Kinder sollten mehr spielen, als viele Kinder es heutzutage tun. Denn wenn man genügend spielt, solange man klein ist, dann trägt man Schätze mit sich herum, aus denen man später sein ganzes Leben lang schöpfen kann. Dann weiß man, was es heißt, in sich eine warme, geheime Welt zu haben, die einem Kraft gibt, wenn das Leben schwer wird. Was auch geschieht, was man auch erlebt, man hat diese Welt in seinem Innern, an die man sich halten kann" (Astrid Lindgren).[2]

Im Kindergarten- und Vorschulalter gelingt es den Kleinen schon in verschiedene *Rollen* zu schlüpfen: in den Klassiker ‚Vater – Mutter – Kind', in Personen im Kaufmannsladen, beim Banküberfall oder in Verfolgungsjagden zwischen Polizisten und Räubern. Kinder denken sich Geschichten aus und probieren, wie es sich anfühlt, jemand anders zu sein. Und es kann für beide Seiten durchaus lehrreich sein, wenn sich der Vater für zwei Stunden in ein Prinzessinnen-Kostüm zwängt und erkennt, dass der rosarote Schleier ganz schön zwicken kann. (Kinder können übrigens erst selbst zum ‚Schauspieler' werden, wenn sie über genügend Vorstellungskraft verfügen.)

Das einfache *Gesellschaftsspiel* können Kinder schon im Kindergartenalter spielen, doch die ‚Hochzeit' der *Regelspiele* kommt erst mit dem Schulalter. Jetzt gelingt es dem Nachwuchs Regeln zu befolgen, fair zu bleiben und auch Niederlagen einzustecken. Was für seine weiteren Lebensschritte unabdingbare Erfahrungen sind: gewinnen und verlieren bzw. teilen zu können.

Einen großen Teil der Kindheit sollte jedenfalls das *Symbolspiel*, also ‚das so tun als ob' ausfüllen, da sich dadurch für Kinder die Welt auf vereinfachte Weise erschließen lässt und zur Fähigkeit des abstrakten Denkens (als Teil der Intelligenz) überleitet.

Kinder brauchen Zeit und Raum, um alleine und mit Gleichaltrigen zu spielen. Aber sie brauchen auch die Anregungen von Erwachsenen und älteren Kindern. Durch sie erlernen sie im Spiel in kurzer Zeit, wofür die Menschheit große Zeiträume benötigte. Denn: „Was das Kind heute in Zusammenarbeit und unter Anleitung vollbringt, wird es morgen selbstständig ausführen können", so der russische Pädagoge Lew Wygotski (in Klippert, 2012, S. 10).

---

[2] Quelle verfügbar unter: http://www.kinderhaus-astrid-lindgren.de/html/astrid-lindgren.html.

Hänschen klein, ging allein in die weite Welt hinein.
Stock und Hut steht im gut, ist gar wohlgemut.
Aber Mutter weinet sehr, hat ja nun kein Hänschen mehr.
Da besinnt sich das Kind, läuft nach Haus geschwind.

Überbehütung oder Vorsicht: Die Rolle der Eltern

Alle Eltern wollen nur das Beste für ihr Kind. Was vor allem für die immer weniger werdenden und zunehmend ‚späteren' Elternschaften gilt. Denn viele Paare bekommen heute erst in einem Alter Kinder, in dem sie nicht mehr so frisch und unbedarft an die Erziehung herangehen und zu einer gut gemeinten *Überbehütung* neigen.

Besonders wir Mütter scheinen dazu zu neigen, für unsere Kinder alles zu tun – noch bevor sie überhaupt ihre Wünsche äußern. *Übertriebene Vorsicht* bei der Erziehung schränkt die Entwicklung eines Kindes ein. Aber auch wer nie kleinere *Frustrationserlebnisse* hat, dem wird die Chance genommen zu lernen, mit einer Situation umzugehen, in der einmal nicht alles nach Wunsch läuft.

Als Eltern können wir aber, wie es der Familientherapeut Jesper Juul (2012) beschreibt, wie Hubschrauber *(helicopter parents)* unaufhörlich über den Köpfen unserer Kinder kreisen oder wie beim Eisstockschießen *(curling parents)* vor den Kindern alle Hindernisse aus dem Weg räumen. Als Eltern sind wir meist allgegenwärtig: Wir fahren die Kinder zum Yoga, Reiten und Musikunterricht. Wir versuchen das soziale Umfeld der Sprösslinge zu gestalten, wollen jederzeit eingreifen und allzeit nur das Beste für das Kind. Die Kinder sind in Watte gepackt, es fehlt ihnen an ‚Gefahrenmomenten', womit sie oft – sehenden Auges – um wesentliche Erfahrungen für ihr eigenes Leben gebracht werden.

Oft übertragen wir Eltern auch noch unbewusst unsere *Ängste* auf den Nachwuchs. So würde unsere Tochter vielleicht ganz unbefangen und furchtlos auf Hunde zugehen, aber *mein* Blick sagt ihr schon, dass *ich* damit ein Problem habe. Dabei weiß sie durchaus, wie auch die meisten anderen Kinder, dass natürlich auch Hunde launisch sein können und es immer ratsam ist den Besitzer um ‚Streichelerlaubnis' zu bitten.

Ein Beispiel, so wie es sich wohl tagtäglich hundertfach ereignet: Auf dem Spielplatz balanciert ein Mädchen auf einem Balken.

„Behutsam, bedächtig setzt sie einen Fuß vor den anderen. Sie ist nicht besonders schnell für ihr Alter – vielleicht fehlt die Übung –, doch jetzt ist sie dabei, konzentriert, bestimmt. Bis die Mutter das sieht. ‚Pass auf!‘, überschlägt sich die Stimme. Das Kind erstarrt. Die Knie geben nach, es kann keinen Schritt mehr machen. In seinem Gesicht ist jetzt Angst – die Angst der Mutter, die herbeieilt und der Tochter die Hand zur Rettung reicht" (Ahne, 2012, S. 3).

Vielleicht wurde in der beschriebenen Szene ein Kratzer oder ein Sturz verhindert, aber zu welchem Preis? Das Mädchen konnte nicht seine Koordination verbessern, hatte kein Erfolgserlebnis und konnte auch nicht seine Angst überwinden. Es wird sich also weiter fürchten und seinem eigenen Urteil nicht trauen können.

Keine Frage: Es ist nicht Aufgabe von uns Erwachsenen, keimfreie Hochsicherheitsareale in einer völlig unfallfreien Umgebung zu schaffen, aber es ist unsere Verantwortung, Unfälle mit bleibenden Schäden zu verhindern. So gesehen hat auch jede Blessur ihr Gutes und ein Kind weiß erst dann, was ‚heiß‘ bedeutet, wenn es sich (leicht) verbrannt hat. So nahe beieinander liegen für das nachhaltige Lernen die Schritte Erfahrung, Übung und Handeln.

> Kommt ein Vogerl geflogen, setzt sich nieder auf mein Fuß,
> hat ein Zetterl im Schnabel, von der Mutter einen Gruß.
> Lieber Vogel, fliege weiter! Nimm ein' Gruß mit und ein' Kuß,
> denn ich kann dich nicht begleiten, weil ich hier bleiben muß!

VerSchonräume

Heute wird Volksschulkindern bereits in der zweiten Klasse Sexualunterricht erteilt. Sie haben die besten Mobiltelefone, hören damit auch die Songs aus den aktuellen Charts. Sie finden alles megageil, grooven und chillen durch den Tag. Dank Google wissen sie bereits alles über die Welt und ihre oft traurigen Seiten. Von den Tragödien ihrer kleinen, unmittelbaren Welt wissen sie oft nichts.

Weil man die Kinder ‚schonen‘ will, werden Krankheit, Todesfälle die Familie betreffend nicht angesprochen. Und über psychische Krankheiten zu reden ist heute immer noch ein Tabuthema. Leichter fällt es da schon, wenn man eine ‚richtige‘ Krankheit hat. Eine Meniskusverletzung, welche sich Vater beim hundertprozentigen Einsatz im Fußballspiel zugezogen hat, kann man eben auch wirklich ‚spannender' erzählen als die Depression der Mutter.

Dabei wollen Kinder Bescheid wissen und in ihrer Wissbegierde ernst genommen werden. Dem widerspricht die vielfach geäußerte Meinung, man müsse Kinder ‚schonen', wenn etwa der Verlust eines Angehörigen bevorsteht und man müsse sie vor der harten Realität ‚bewahren'. Wie wohl es gleichzeitig verständlich ist, dass man sein Kind instinktiv beschützen und vor seelischem Schmerz bewahren möchte, ist dieses ‚Verschonen' bei einem bevorstehenden Verlust nicht möglich. Denn das Kind spürt genau, dass sich die Menschen in seiner Umgebung anders verhalten und merkt, dass etwas nicht in Ordnung ist. Versuche, das Kind ‚vor der Realität zu bewahren' führen vielmehr dazu, dass sich das Kind ausgeschlossen fühlt und vielleicht sogar Angst machende Fantasien entwickelt, die dann allerdings schlimmer als die Realität sein können (vgl. Palliativnetzwerk, 2013).

Eins, zwei, drei –
Angst vorbei!

Angsträume

„Angst gehört zum Leben. Eltern wissen das, Kinder noch nicht. Sie müssen noch lernen, sich dieses Gefühls bewusst zu werden und damit umzugehen" (Klippert, 2009, S. 35). Und das gelingt nur, wenn Kinder die Angst nicht meiden, sondern lernen mit ihr umzugehen. Aus diesem Gefühl heraus können sie zunehmend Selbstvertrauen tanken und sich damit neuen Herausforderungen stellen. Vorausgesetzt Mama und Papa unterstützen sie dabei und nehmen selbst eine positive Vorbildrolle ein.

Ängstliche Eltern erziehen nämlich ängstliche Kinder. Ob es nun die Angst vor Spinnen, fremden Menschen oder auch fremden Speisen ist. Übernehmen Eltern diese Rolle nicht, dann fehlen dem Nachwuchs die Vorbilder, wie die Situation auch anders gemeistert werden könnte.

Typische Ängste begleiten die Entwicklung der Kinder, auch wenn sich diese ändern. So empfinden Säuglinge laute, heftige Geräusche als bedrohlich, später zeigt sich das ‚Fremdeln' bis sich die Kleinen mit der Angst vor der Dunkelheit und Alleinsein plagen. Kindergartenkinder werden in der ‚magischen Phase' von Gespenstern, Monstern heimgesucht, währenddessen sich Kinder im Grundschulalter um Naturkatastrophen sorgen oder Pubertierende Angst vor Leistungsdruck und Furcht vor dem Ausgeschlossen-Sein haben (vgl. Klippert, 2009, S. 34). Ja, selbst im Erwachsenenalter ist Angst noch immer ein treuer Begleiter. Die Angst vor Arbeitsplatzverlust und Krankheit stehen dann an erster Stelle.

Angst ist ein urmenschliches Gefühl, das lebensrettend sein kann. Sie mahnt uns zur Vorsicht und Aufmerksamkeit. Sie ist nicht nur wichtig, sondern eine überlebenswichtiges Korrektiv in der kindlichen Entwicklung.

> Winter ade, Scheiden tut weh.
> Aber dein Scheiden macht, dass mir das Herze lacht!

Getrennte Räume – gemeinsame Liebe

Scheidung. Eine vertraue Welt stürzt ein! Eine Mischung aus Angst, Wut und Schuldgefühl macht sich bei den Kindern breit. Ein Gefühlschaos zwischen Ohnmacht und Hilflosigkeit ist plötzlich Teil des Kinderalltags.

Scheidung tut weh, aber das Leben der Kinder muss deshalb noch keinen Schaden nehmen. Schwierig und oft traurig ist es für die Kleinen, wenn die Großen sich nicht mehr wie bisher lieben und getrennte Weg gehen. Ob dies aber ein Unglück für einen ganzen Lebenswegabschnitt der Scheidungskinder bedeutet, hängt davon ab, ob und in welchem Maße die Erwachsenen ihre Kleinen weiterhin lieben und ihnen das auch zeigen können.

Denn die Kinder interessieren sich in erster Linie dafür, ob sie im Herzen, in den Armen und in den Häusern ihrer Eltern weiterhin zentral wichtige Persönlichkeiten sind. Und es gelingt eher über glaubwürdige Gefühlsäußerungen, Küsse, Kuschelstunden, ihnen diese Sicherheit zu vermitteln, als über große Worte und Geschenke.

Kinder können die Erfahrung machen, dass Liebe vergeht und es Schicksal ist, dass ein Paar nichts mehr füreinander empfinden kann und sich trennen muss. Schonungslose Erfahrungen wie diese können für das Kind Teil wichtiger (Selbst-)Erkenntnis sein und es für so manche Prüfsteine auf seinem weiteren Lebensweg vorbereiten.

Häufig machen es die Eltern den Kindern aber besonders schwer, wenn sie ihre Söhne und Töchter – bewusst oder unbewusst – nahezu nötigen, ein Elternleid mitzutragen, das für die kindliche Seele (noch) gar nicht entzifferbar ist. Was kann ein Kind mit Idealen oder Treue, mit der Haltbarkeit einer Ehe oder dem (moralischen) Hintergrund eines getrennten Wohnsitzes anfangen?

Was Kinder in diesen turbulenten Zeiten jedoch zu schätzen wissen, sind eine Oma, ein Onkel, eine große Schwester oder eine Freundin der Mama, die in dieser Zeit kommen, um die Kinder ‚aufzufangen'. Auch eine Lehrkraft, die das Kind in seinem ersten Kummer zu trösten vermag, ist eine unschätzbare Hilfe. Wichtig ist, dass möglichst alle Seiten diese Auffanghilfe auch annehmen können – der Kinder willen!

> Heile, heile Segen,
> morgen gibt es Regen,
> übermorgen Schnee,
> dann tut's dem Kindle nicht mehr weh.

Taburaum Tod

Selbst ein Tabuthema wie der Tod ist allgegenwärtig für Kinder: Ein totes Haustier, ein toter Vogel auf der Straße, tote Zeichentrickfiguren, die den Kampf gegen ‚das Gute' verloren haben.

„Wir können Kinder nicht vor der Begegnung mit dem Tod bewahren. Früher oder später werden sie mit diesem unausweichlichen Gesetz des Lebens persönlich in Berührung kommen" (Kerkhoff, 2012, S. 1). Wenn Kinder aber unmittelbar durch den Tod eines Angehörigen oder Haustieres betroffen sind, dann brauchen sie Hilfe, um diese tiefgreifende Erfahrung verarbeiten zu können und ausleben zu dürfen.

„Stirbt ein Haustier, ist der sofortige Ersatz des geliebten Tieres durch ein fremdes neues keine Hilfe zur Trauerbewältigung. Die Erwartung der Eltern, dass das Kind jetzt wieder froh sein soll, weil es ja sofortigen Ersatz erhalten hat, belastet das Kind zusätzlich. Ein trauriges Kind möchte traurig sein dürfen, braucht Liebe, Nähe und Zuwendung und ehrliche Antworten auf seine Fragen" (Kerkhoff, 2012, S. 1).

Das Kind darf eine einfühlsame Begleitung erwarten, d. h. dass es altersgemäß über den bevorstehenden oder eingetretenen Tod informiert wird. Es braucht das sichere Gefühl, dass es ehrlich und behutsam über den Tod und dessen Umstände aufgeklärt wird. Zu einem gesunden Umgang mit Trauer gehört auch das Zeigen von Gefühlen, denn das Kind spürt sowieso, dass es dem Erwachsenen nicht gut geht.

Die Kinder sehen uns lachen, sie können uns auch weinen sehen, wenn wir traurig über einen Abschied eines geliebten Menschen sind. Und: Es kann für beide Seiten hilfreich sein, wenn zusammen geweint wird. Ein trauriges Kind möchte traurig sein dürfen, braucht Liebe, Nähe und Zuwendung und ehrliche Antworten auf seine Fragen. Bilderbücher sind hier gute Begleiter.[3]

Kinder trauern anders als Erwachsene. Von einem Moment auf den anderen können Trauer und Fröhlichkeit aufeinander folgen. Kinder drücken ihre Trauer je nach Alter weniger durch Sprache, eher über Spiel, Bilder, Körpersprache und Verhalten aus. Kindern hilft es, etwas für den Verstorbenen zu tun: Bilder zu malen, die auf den Sarg gelegt werden, einen Brief, einen Gegenstand oder ein Kuscheltier dem Verstobenen mit auf seinen Weg zu geben. Ähnliches könnten auch Erwachsene tun, damit sich das Kind dabei nicht alleine fühlt.

Wenn ein Kind nicht weint, heißt das nicht, dass es nicht betroffen ist, denn auch der Ausdruck von Wut, Einnässen und Daumenlutschen kann ein Zeichen von Trauer sein. Und noch etwas: Kinder sind sehr rücksichtsvoll und glauben zuweilen, dass sie ihre eigene Trauer dem geliebten Erwachsenen nicht auch noch zumuten können.

Ist aber der Trauerprozess für das Kind ein gelungener, so steht an dessen Ende eine positive Weiterentwicklung des trauernden Kindes. Der Blick wird auf die wesentlichen Dinge des Lebens gelenkt, das kann zu mehr Sensibilität und Hilfsbereitschaft und zu einem höheren Maß an Verantwortungsbewusstsein führen (vgl. Kerkhoff, 2012).

.

---

[3] Dazu bieten sich folgende Bücher besonders an: Müller, Birte (2012). Auf Wiedersehen, Oma! Bargteheide: Minedition sowie Stanko, Jörg (2005). Flieg Hilde, flieg! Essen: Limette bzw. Ringtved, Glenn (2002). Warum, lieber Tod …? Bremen: Rößler.

> Lange saßen sie dort und hatten es schwer.
> Aber sie hatten es gemeinsam schwer und das war ein Trost.
> Leicht war es trotzdem nicht.
> Astrid Lindgren (Ronja Räubertochter)

Ausblick

Natürlich können Eltern und Erwachsene (in vielfältigsten Situationen) ihre Kinder nicht sich selbst überlassen. Kinder benötigen Fürsorge, Schutz und Kontrolle. Doch sollte nicht alles, was eine Gefahr darstellen könnte, gleich unterbunden werden.

Denn Kinder brauchen nun einmal die Gefahr und die inhärenten Grenzen, sie brauchen auch einmal das Scheitern und vor allem Fehler, die sie machen *dürfen*. Nur über diese Irrwege bemerken sie, wo sie auf ihrem Entwicklungspfad zukünftig anknüpfen können.

Aufgabe der Kinder ist es, ihren Weg zu gehen, so wie es unsere Aufgabe ist, ihnen die Räume für ihre Wege zu eröffnen. Und dazu gehören weder schaumgepolsterte Kinderzimmer noch keimfreie Spielplätze. Auch keine Gärten mit kurz gemähten Stoppelrasen, damit sich nur ja weder Flora noch Fauna einnisten kann. Dazu gehören Matsch und Gatsch, Klettern und auch mal ein ‚Herunterfallen' etc.

Mit dem ‚Wissen' über die Schwierigkeiten der Gratwanderung zwischen völligem ‚Laissez-faire' und einem ‚Klammern' bzw. mit einem Gefühl, das zwischen Vernachlässigung und Überbehütung auspendelt, ist zumindest einmal der theoretische Teil aufgenommen. Der praktische Teil wird sein, dass wir an uns selbst arbeiten müssen, mehr Elternmut und Toleranz hinsichtlich kindlicher *Freiräume* zu entwickeln.

Und was mache ich? Ich gehe unserer Tochter nicht mehr auf dem Schulweg entgegen ... – zumindest nicht mehr jeden Tag!

Literatur

Ahne, Verena (2012). Kindererziehung: Ein Recht auf Schrammen. In: Der Spiegel (= Gehirn & Geist, Sonderheft Juni). Hamburg, S. 1-3. Verfügbar unter: http://www.spiegel.de/gesundheit/psychologie/erziehung-warum-eltern-ihre-kinder-toben-lassen-sollten-a-836706.html

Benke, Karlheinz (2012). EQ statt IQ! Die Kraft Emotionaler [Zwischen]Räume. In: KiSte 12: Ich. Du. Wir. - Emotionen und soziale Beziehungen in der elementaren Bildung. Graz: Land Steiermark - Abt. 6, Bildung und Gesellschaft, S. 20-21. Verfügbar unter: http://www.verwaltung.steiermark.at/cms/dokumente/11682860_74835169/0062ac9c/LR_FA6E_KISTE_12_v21.pdf

Benke, Karlheinz (2005). Geographie(n) der Kinder: Von Räumen und Grenzen (in) der Postmoderne. München: Meidenbauer.

Frobel, Felix (1999). Überbehütung – eine Art von Misshandlung (Essay)? München: Grin.

Gebauer, Karl (2011). Zwischen Überbehütung und Loslassen-Bedingungen für eine gelingende Entwicklung. Verfügbar unter: http://www.elberfelder-erziehungsverein.de/downloads/Fachtagungen_2011/Zwischen_ueberbehuetung_und_Loslassen-Dr._Karl_Gebauer.pdf

Juul, Jesper (2012). Ungeheurer Bildungsdruck (Interview). In: Der Spiegel (12. März). Hamburg, S. 44-46. Verfügbar unter: http://www.spiegel.de/spiegel/print/d-84339473.html

Kerkhoff, Andrea (2012). Kinder begegnen dem Tod. Verfügbar unter: http://www.hospizbewegung-muenster.de/kinder_tod.html

Klippert, Kareen (2012). Das beste Förderprogramm: Lasst die Kinder spielen! In: wirbelwind (H. 1). Bad Rodach, S. 6-10.

Klippert, Kareen (2009). Eins, zwei, drei – Angst vorbei In: wirbelwind (H. 3). Bad Rodach, S. 34-36.

Moser, Ulrike (2012). Das überbehütet Kind: Käfighaltung. In: Profil (H. 7, Feber). Wien, S. 73-79. Verfügbar unter: http://www.profil.at/articles/1206/560/318881/ueberbehuetete-kinder-kaefighaltung

Palliativnetzwerk Mainz (2013). Wenn Kinder unter den Leidtragenden sind. Wie Kinder mit einbezogen werden können. Verfügbar unter: http://www.palliativnetzwerk-mainz.de/faq/inhalte/7b.htm

Rogge, Jan-Uwe (1999). Ängste machen Kinder stark. Reinbek: Rowohlt.

Weber, Andreas (2011). Mehr Matsch! Kinder brauchen Natur. München: Ullstein.

Zimmer, Renate (2012): Toben macht schlau. In: Playground@Landscape. (Nr. 5). Bonn: p@l, S. 14-24. Verfügbar unter: http://www.playground-landscape.com/media/epaper/101/pdf/playground_landscape_5_2012.pdf

Zimpel, André Frank, Hüther, Gerald (2012). Lasst unsere Kinder spielen! Der Schlüssel zum Erfolg. Göttingen: Vandenhoeck & Ruprecht.

Links

Im Herzen geborgen. Scheidung tut weh – aber das Leben der Kinder muss keinen Schaden nehmen. Verfügbar unter: http://www.zeit.de/2003/22/SM-Scheidung/seite-1

Kinderhaus Astrid Lindgren. Verfügbar unter: http://www.kinderhaus-astrid-lindgren.de/html/astrid-lindgren.html

Auf dem Weg zum eigenen Glück
Glücksräume

Karlheinz Benke

„… es kommt alles darauf an, dass Du, Mensch, der Du heute und hier lebst, glücklich lebst. Du bist nicht da für einen Gott und seine Kirche und nicht für einen Staat und nicht für eine Aufgabe der großmächtigen Kultur. Du bist da, um Dein einziges, einmaliges Leben mit Glück zu füllen."
Ludwig Marcuse in ‚Philosophie des Glücks'

Wir leben in einer Gesellschaft, die es vielen von uns nicht leicht macht, sich glücklich zu fühlen bzw. ihr individuelles Glück zu finden. Wir leben die Maßstäbe der Postmoderne über unsere ‚Spaßgesellschaft' aus: Selbstentfaltung, Spaß, Erlebnis, Narzismus und Bohème. Wir forcieren über unser Verhalten den Wandel unserer Gesellschaft zu einer ‚McGesellschaft', deren gemächliche Abläufe durch ‚rasche Häppchen' ersetzt werden, deren Dauerhaftigkeit und Langsamkeit von Flüchtigkeit, Unverbindlichkeit und Beschleunigung verdrängt werden. Sie tragen dazu bei, „kein gelingendes Leben, sondern bestenfalls gelingende Momente" (Prisching, 1999, S. 9) zu schaffen und dabei die Welt zusehends als überdimensionalen Supermarkt wahrzunehmen, in dem man sich einfach nur zu bedienen braucht.

Wir, Erwachsene wie Kinder, erleben gegenwärtig eine kaum mehr nachvollziehbare Steigerung von Auswahlmöglichkeiten im Alltag. Um zwei Beispiele zu nennen, die auch den Alltag von Kindern betreffen: ein breites Spektrum von Angeboten an Konsumräumen bzw. Bildungsräumen, die ihrerseits Chancen wie auch Druck vermitteln – nämlich ‚auswählen' zu können. Diese oft kaum überschaubare Vielfalt kann die Grundlage für eine Suche bzw. oft sogar Sucht nach einem ‚Immer mehr' legen (beide haben nicht zufällig denselben Wortstamm). Wir er/leben dadurch jene „Zuvielisation" (Guggenberger, 2000, S. 18), die gekennzeichnet ist von einer Vervielfachung von Handlungsoptionen und immer häufiger auch in unterschiedlichsten Suchtspiralen mündet, derer man sich oft nur schwer entziehen kann. Ein Prozess, der zulasten dessen geht, was uns ausmacht, nämlich unsere Fähigkeit, überhaupt Liebe und persönliches Glück empfinden zu können.

Wenn eine Tageszeitung berichtet: „Großbritanniens Kinder sind laut einer Studie die unglücklichsten in unserer industrialisierten Welt: Britische Eltern überhäufen ihre Kinder mit Konsumgütern, schenken ihnen aber wenig Zeit" (Thibaut, 2011), spätestens dann scheint man als Erwachsener überdenken zu müssen, ob wir den Kindern heute die nötigen Rahmenbedingungen für ein erfülltes, glückliches Leben zur Verfügung stellen oder lediglich unsere Wünsche und Vorstellungen auf sie projizieren. Interessieren wir uns für das Glück des Kindes, oder sehen wir im Glück des Kindes in erster Linie den Erfolg, den es einmal in seinem Leben haben soll (um etwa seine Konsumlust zufriedenstellen zu können)?

Was ist demnach für ein Kind der Schlüssel zum Glück, wie gelingt es dem Kind (für sich) seine individuellen Glücksräume zu schaffen? Und vor allem: Was an individuellem Glück kann das Kind auch als Glück erleben?

Was ist Glück?

Glück kann – im deutschen Sprachgebrauch – zweierlei bedeuten, nämlich ‚Glück haben' (engl.: luck) und ‚glücklich sein' (engl.: happiness). Glück leitet sich von ‚Gelücke' und ‚gelingen' ab, das sich wiederum von ‚leicht' ableitet. Somit meint Glück im Wortsinn eigentlich ‚das Gelungene, leicht Erreichte' (vgl. Haag, 2009, S. 1). Glück ist so verstanden „das Maß oder der Grad, in dem ein Mensch mit der Qualität seines eigenen Lebens insgesamt zufrieden ist ... [und bezeichnet] das Maß, in dem man das eigene Leben mag" (Veenhoven, 2011, S. 1).

Die Psychologie sieht somit im Glück den subjektiven Genuss des eigenen Lebens insgesamt, eine extrem starke positive Emotion und einen vollkommenen, dauerhaften Zustand intensivster Zufriedenheit. Schon in einzelnen Glücksmomenten vergessen wir – wie Kinder, die im eigenen Tun aufgehen – die Welt um uns herum.

Was sind nun aber die Bausteine bzw. Auslöser für solcherlei individuelle *Glücksräume* von Kindern? Positive Gefühlslagen, die Abwesenheit negativer Gefühle sowie die Zufriedenheit mit dem Leben als Ganzes sind der eine Teil, die Übereinstimmung von persönlichen Erwartungen mit der wahrgenommenen Befriedigung von Bedürfnissen der andere. Ein Geheimnis liegt offenbar darin, die Latte der Erwartung nicht allzu zu hoch zu legen. Ein anderes darin, wie wir Erwachsene das, was wir (vom Leben) erwarten und wie wir diese Erwartungen ausdrücken, auch auf das Glücksempfinden unserer Kinder übertragen können (vgl. Diener u. Biswas-Diener, 2008).

Dieses Gefühl scheint einer Balance aus Erwartungen von Zuwenig und Zuviel zu entspringen, die der Begriff des ‚flow' (Csikszentmihalyi) ausdrückt. Vor allem glückliche Menschen, die sehr genau wissen, was sie tun wollen und dies dann auch umsetzen, so eine Erkenntnis aus der Glücksforschung, spüren diesen Spannungszustand des ‚flow'. Sie wissen, dass Glück etwas ist, das es aktiv für sich zu erarbeiten gilt. Bei ihnen stimmen Erwartungshaltungen mit ihren Bedürfnissen überein, sodass sie sich erwartungsmäßig weder unter- noch überfordert fühlen. Sie sind nahe am ‚flow', derjenigen Form von Glück, auf die man Einfluss hat, ohne etwas erzwingen zu wollen. Flow ist demnach etwas anderes als Spaß oder ‚fun' bzw. ‚kick' und somit nicht als Nervenkitzel bzw. kurzzeitig hoch gepushte Erregung misszuverstehen.

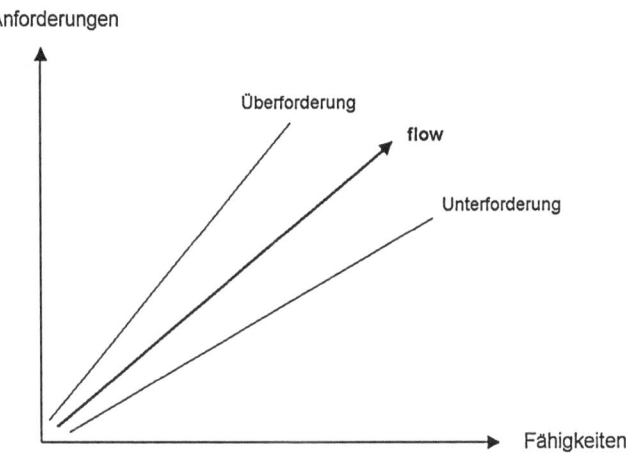

Abbildung 1: Flow

Echtes Glück ist nach Martin Seligman (vgl. Haag, 2009, S. 1) ein Zusammenspiel aus einem ‚angenehmen' (Genuss, Hedonismus), einem ‚guten' Leben (Engagement, Erfüllung persönlicher Sehnsüchte) bzw. einem ‚sinnerfüllten' Leben (Erreichung von Dingen aus einem Pool erstrebenswerter Ziele). Dabei hat die Wahrnehmung des eigenen Glücksempfindens nur wenig mit Reichtum zu tun, denn Wohlstand selbst steht ebenfalls nicht dauerhaft im Zusammenhang mit dem eigenen Zufriedenheits- bzw. Glücksgefühl. Ein Mehr an Einkommen führt nicht zwangsläufig zu mehr Glück (vgl. Drakopoulos in Bormans, 2011, S. 14), zumal das persönliche Glück nur in einem begrenzten Ausmaß mit steigendem Einkommen wächst. (Sobald nämlich die Grundbedürfnisse befriedigt sind, entsteht durch ein Mehr an Wohlstand nur ein unbedeutendes Mehr an Glück. Vielmehr führt das Streben nach immer mehr Wohlstand und vor allem nach dem damit verbundenen Status – über den Vergleich zu anderen – für viele in ein echtes ‚Sucht-Verhalten', das jene dauerhafte Unzufriedenheit nach sich zieht, die nachhaltiges Glück ausschließt.)

Und dennoch ist der Weg zum Glück doch ein wenig käuflich: nämlich insofern, als man seinen Reichtum mit anderen teilt und ihnen davon abgibt. Als persönliches Glück empfunden wird es auch, nicht allein auf sich gestellt zu sein und in positiver Beziehung zu anderen Menschen zu stehen (vgl. Peterson in Bormans, 2011, S. 6f). Denn Menschen, die einem selbst etwas bedeuten auch zu schätzen, zu ehren und zu lieben bedeutet umgekehrt ja auch zumeist, dass man diesen Personen auch die Chance gibt, selbst respektiert und geliebt zu werden. Und sich darüber emotional deutlich reicher und glücklicher fühlen, als Menschen die sozial isoliert leben bzw. ihre Zeit auch alleine vor dem Fernseher verbringen (vgl. Ruckriegel, 2007).

Kindliche Wege zum Glück

Welche Grundvoraussetzungen brauchen nun Kinder, worauf gilt es als Erwachsener zu achten, will man sie dabei unterstützen, für sich ihre *Glücksräume* zu kreieren? Wie kann man einen emotionalen Boden aufbereiten, der ihr jeweiliges Glücksempfinden und ihre Sensitivität für sich selbst und das, was ihnen gut tut, fördert?

Man kann mit Haag (2009) davon ausgehen, dass es Kindern umso leichter fallen wird, je eher es die Erwachsenen in ihrem Umfeld schaffen,
- Kinder etwas tun zu lassen, ohne es tun zu müssen,
- sie gleichzeitig dankbar und genussfähig sein zu lassen (also: ein ‚Weniger ist Mehr' als Bereicherung empfinden zu können),
- ihnen eine positive Sichtweise auf die Dinge des Lebens mit zu geben: eine positive Wahrnehmung und Erinnerungshaltung anstelle eines Lamentierens und Klagens,
- soziale Aufgeschlossenheit, empathische Zugänglichkeit, Freundlichkeit und Respekt im täglichen Miteinander (vor) zu leben,
- in ihnen extrem positive Emotionen, größte Freude und Begeisterung bzw. entsprechendes Entzücken zu wecken, um dies als selbstverständliche, natürliche Reaktion empfinden zu können,
- die eigene Produktivität, schöpferische Kraft bzw. Kreativität (in Maßen) wertzuschätzen,
- abstrakte Ideale und Vorstellungen von Schönheit, Einklang bzw. Harmonie durch jene von Freiheit und Solidarität zu ersetzen,
- auch einmal der Spontaneität, der schnellen Entschlossenheit bzw. Flexibilität anstelle von Routinen Platz zu geben,
- für eine höhere Sensibilität bzw. ein entsprechendes Bewusstsein bzw. Öffnung und Schärfung der Sinne zu sorgen,
- für ein gesteigertes Selbstwertgefühl, eine Selbstzufriedenheit und ein positives Selbstkonzept bei sich selbst zu sorgen bzw.
- Glück an sich als subjektive Wertschätzung des Lebens an sich sehen zu können.

In ‚Der talentierte Schüler und seine Feinde' etwa bezieht sich Andreas Salcher ebenfalls auf die aktuellsten Erkenntnisse aus der Glücksforschung und spannt den Bogen für das Glücksempfindunsvermögen des Kindes von der Familie hin zur Schule, wenn er schreibt:

„Die Studie über ‚Talentierte Teenager' von Mihaly Csikszentmihalyi weist empirisch nach, dass das familiäre Umfeld einen wesentlichen Einfluss darauf hat, ob sich das Talent eines Kindes entfalten kann. Entbehrungen, Konflikte und Ablehnung des Kindes sind die ganz großen Feinde des talentierten Kindes. Aber auch wenn Eltern zum Beispiel aufgrund ihrer persönlichen Werte dem abstrakten Denken keinen hohen Stellenwert geben oder Kunst ablehnen, färbt diese Einstellung schnell auf das Kind ab und es wird nur sehr selten sein Talent auf diesem Gebiet ausleben. Eine harmonische Familie, die das talentierte Kind fordert, erhöht maßgeblich die Chance dafür, dass sich dieses auf die Ausübung seines Talents konzentrieren kann und auch möglichst oft dabei positive *flow*-Erlebnisse erreicht. Genau diese besonderen Glückgefühle motivieren das Kind wiederum innerlich, so viel Zeit wie möglich in sein Talent zu investieren. Eine positive Verstärkerspirale wird dadurch ausgelöst [...]" (Salcher, 2008, S. 145f).

Nachdem nun nachvollziehbarer sein dürfte, welche Grundbedingungen es braucht, damit Kinder ihr persönliches Glück überhaupt entdecken und ihre kleine Welt glücklich erleben können (und zugleich wir Erwachsene wissen, wie wir welche Glücksfaktoren fördern können), stellt sich noch die Frage, wo und wie Kinder sich diese Fähigkeiten zum Glückserleben (im Sinne eines work-in-progress) aneignen können.

Sind es nun die Eltern bzw. ihre Freunde über deren Vorbildfunktion alleine, oder sollte das Erkennen respektive Erfahren von Glück ebenso Eingang in den schulischen Fächerkanon finden? Und: Falls ja, wären dabei nicht *Schulräume* und *Glücksräume* für viele Kinder bereits Widersprüche in sich (siehe Engl *Begeisterung und die Liebe zum Lernen*)?

Vom Beispiel ‚Glück macht Schule'

„Glück macht Schule!" nennt sich ein Projekt, das seit geraumer Zeit auch in Österreichs Schulsystem Fuß gefasst hat. Wie das folgende Beispiel aus der Steiermark zeigt, wird das Fach Glück als lebenspraktische Orientierungshilfe für (sechs- bis achtzehnjährige) Schüler verstanden: Mit dem klaren Ziel, glückliche und selbstsichere Schüler zu unterrichten, die physisch wie psychisch gesund sind und durch ihr Engagement entsprechend positive Gefühle erleben.

Im Sinne des aristotelischen Glücksbegriffs geht man davon aus, dass Glück eine Einheit von Körper, Seele und Gemeinschaft ist und nur aus dieser heraus wirksam wird. Über das eigene erfolgreiche Handeln erfahren Kinder, dass Glück erlernbar und jeder Mensch dafür verantwortlich ist, den Keim zum Glück in sich zu entdecken (vgl. Seligman, 2012). Damit dies möglich wird, bedarf es eines Inputs – sei es über die Erwachsenen in den eigenen familialen Räumen oder über die Schule, wenn sie sich als lebens(welt)orientierter Lernraum versteht:

„Das Thema Glück in der Schule gilt durch die erfolgreiche Umsetzung an der Willy Hellpach Schule in Heidelberg (‚Schulfach Glück') wie auch schon an der britischen Pionierschule Wellington (‚Well being') als besondere pädagogische Innovation. Ziele dieses Unterrichtsgegenstandes sind es, glückliche und selbstsichere Schülerinnen und Schüler auszubilden und ihnen die heute auch von der Wirtschaft geforderten Lebenskompetenzen zu vermitteln. Die psychische und körperliche Gesundheit der Kinder und Jugendlichen steht im Zentrum und stellt auch eine Maßnahme zur Gewaltprävention an steirischen Schulen dar [...]" (LSR, 2009, S. 1, Präambel).

Und dabei ermöglicht bereits die Grundschule „den Schülerinnen und Schülern im Lebensfach ‚Glück' eine umfassende Bildung im sozialen, emotionalen, intellektuellen und körperlichen Persönlichkeitsbereich". Welche allgemeinen Bildungsziele dabei verfolgt werden, geht aus dem Überblick zu den Aufgaben dieses Faches hervor. So legt der Gegenstand ‚Glück' sein Augenmerk auf folgende Aspekte (LSR, 2009, S. 3):
– „Entfaltung und Förderung der Fähigkeiten, Interessen und Neigungen;
– Stärkung und Entwicklung des Vertrauens der Schülerin bzw. des Schülers in die eigene Leistungsfähigkeit;
– Erweiterung bzw. Aufbau einer sozialen Handlungsfähigkeit;
– Erweiterung sprachlicher Fähigkeiten (Kommunikationsfähigkeit, Ausdrucksfähigkeit);
– Entwicklung von Hilfsbereitschaft und Rücksichtnahme;
– individuelle Förderung eines jeden Kindes;
– Selbstwertgefühl entwickeln und Vertrauen in die eigenen Fähigkeiten aufbauen."

Damit eine dergestalt ‚verschulte Glückswahrnehmung' (Benke) jedoch gelingen kann, bedarf es eines grundsätzlich wertschätzenden Verhaltens bzw. eines respektvollen Miteinanders (siehe Benke *Wie miteinander reden?*), eines Klimas des Vertrauens und der Ermutigung bzw. der Anerkennung sowie schlussendlich auch einer entsprechenden Offenheit aller Beteiligten im ‚System Schule'. Eines Systems, das störende Momente ebenso wie Konflikte als Chance begreift und diese auch konstruktiv bearbeitet.

Für einen derlei kindgemäßen, lebendigen und anregenden ‚Glücks-Unterricht' in der Grundschule sorgen spielorientierte Lernformen, die – auf didaktischen Grundsätzen aufbauend – gezielt ein selbstständiges, zielorientiertes soziales Lernen ermöglichen sollen.

„Die Förderung der Persönlichkeit der Kinder zielt einerseits auf die Stärkung des Selbstwertgefühles und andererseits auf die Entwicklung des Verständnisses für andere ab. In besonderer Weise ermöglicht diese: das Mit- und Voneinanderlernen, das gegenseitige Helfen und Unterstützen, das gewaltfreie Lösen bzw. das Vermeiden von Konflikten, das Erkennen und Durchleuchten von Vorurteilen, die Sensibilisierung für Geschlechterrollen.

Möglichkeiten dazu bieten zum Beispiel verschiedene Situationen im Zusammenleben der Klasse, das Lernen in kooperativen Sozialformen (Kreisgespräch, Partner- und Gruppenarbeit, Rollenspiel, Kinder als Helfer für Kinder etwa). Es braucht dazu ein Klima des gegenseitigen Vertrauens und der mitmenschlichen Verantwortung.

Der Weg führt dabei von der Entwicklung möglichst vieler positiver Ich-Du-Beziehungen über den Aufbau eines Wir-Bewusstseins zur gemeinsamen Verantwortung. Vorurteile sollen den Schülern bewusst gemacht und Toleranz gelehrt werden. Die Grundsätze der Lebensbezogenheit und der Anschaulichkeit verlangen ein Eingehen auf die konkrete Erlebniswelt des Kindes. Es ist für das Lernen wichtig, alle Sinne anzusprechen bzw. dem Kind die Bedeutsamkeit und Sinnhaftigkeit der Übungen für sein gegenwärtiges und zukünftiges Leben zu vermitteln" (LSR, 2009, S. 4).

Als Lern- und Lebensbereiche gelten laut Grundschullehrplan der ersten Klasse (vgl. LSR, 2009, S. 5)
– die Freude am Leben – seelisches Wohlbefinden (Stärken und Vorlieben, Selbstwert, Gefühle, Hilfe holen können etc.),
– die Freude an der eigenen Leistung (Ziele für das eigene Können formulieren können, Weitergabe von Glück etc.),
– Ernährung und körperliches Wohlbefinden (Vielfalt regionaler und saisonaler Produkte, gesunde Getränke, Essen als Bestandteil unserer Kultur etc.),
– der Körper in Bewegung (Nahrung für den Körper, Lernen in Bewegung, Entspannen, Rücksichtnahme etc.),
– der Körper als Ausdrucksmittel (Umsetzung von Gedanken und Stimmungen in Bewegung, Gestaltung von Tänzen, Präsentationen in Dialogen und Rollenspielen etc.) und
– das Ich und seine soziale Verantwortung (Verhaltensregeln im Klassenraum, Teamarbeit etc.).

Glückliche Kinder – Glückskinder?

„Glück kann bzw. muss aktiv hergestellt werden und entsteht nicht einfach passiv, durch das Wegfallen von Unglücklichsein, Schmerz oder Stress. Nach einem solchen Wegfall sind wir bestenfalls in einem neutralen Zustand, aber damit noch nicht glücklich" (Haag, 2009, S. 3). Wenn Glück also erlernt werden kann, so ist es für alle am Entwicklungsprozess Beteiligten wichtig, zu wissen wie bzw. mit welchen Mitteln man einem Kind nicht bloß helfen kann, seine *Glücksräume* zu konstruieren, sondern umgekehrt auch seine *Unglücksräume* zu dekonstruieren – um sie letztendlich wieder zu *Glücksräumen* umgestalten zu können.

Eine entscheidende Frage dabei ist, wie glücklich denn das (eigene) Kind aktuell ist. Welche Begeisterung zeigt es wofür und welche kann individuell über verschiedenste Möglichkeiten geweckt werden? Wichtig ist dabei, für jedes Kind über ein erfahrungsorientiertes Lernen in seinem Alltag, über ein ‚entdeckendes Lernen' und über die natürliche Neugierde, das Gefühl zu erleben, selbst wirksam zu werden und damit auch für sein Handeln verantwortlich zu sein. Gerade diese Erfahrung hilft dem Kind, seine innere Haltung zu entwickeln und in diesem Prozess seine eigenen Ressourcen so einzusetzen, dass sein Tun ganz auf das Gelingen – und nicht auf das Scheitern! – ausgerichtet ist.

Für das Glückserleben des Kindes ist also eine tragende Säule, die eigenen Handlungen über das persönliche Erleben positiv erfahrbar zu machen, denn:

„Die Glücksforschung hat herausgefunden, dass Menschen die in Tätigkeiten wie beim Sport, in der Religion, beim Singen, Tanzen oder Theaterspielen, aber auch beim Forschen innere Glücksgefühle, also *flow*-Erlebnisse haben, diese ständig wiederholen werden – einfach deshalb weil es ihnen Freude bereitet. Diese positiven Gefühle können sich unabhängig davon einstellen, ob man mit seinem Kind einfach nur spielt oder eine schwierige mathematische Aufgabe löst" (Salcher, 2008, S. 147f).

Was Lieschen und Hänschen zum Glück brauchen ...

Glück zu finden fällt nicht leicht – und noch um einiges schwerer ist es, es zu bewahren. Glück muss erarbeitet werden, und das erfordert die Bereitschaft und die Fähigkeit des Kindes, sich auf Unscheinbares und Details einzulassen und sich auch an ihnen zu erfreuen. Und auch mal (über sich selbst) zu lachen.

Dabei hilft nicht nur eine geschulte Wahrnehmung, sondern auch eine empathische Grundhaltung, die über erwachsene Vorbilder vermittelt wird. Und dazu gehören auch für ein Kind (vgl. Haag, 2009)
— die Bereitschaft, Dinge so an- und hinzunehmen, wie sie sind und das genießen zu können, was man hat,
— die Freude am Selbermachen (Gehmacher in Bormans, 2001, S. 20),
— die Erkenntnis, dass Glücksgefühle eine Folge von ‚richtigen' Gedanken und Handlungen sind,
— das Bewusstsein um die Tatsache, dass man immer die Freiheit hat zu entscheiden, wie man mit einer bestimmten Situation umgehen kann,
— die Bereitschaft aus Fehlern zu lernen, denn ohne sie kann sich niemand weiterentwickeln (Der Wiener Mathematiker Taschner findet es etwa viel ‚spannender', in der Mathematik eigene Fehler zu finden, dann zu ergründen, um diese letztendlich begeistert ausbessern zu können),
— die Akzeptanz gegenüber Niederlagen, die allerdings dazu genützt werden sollten, die Dinge in ein positives Licht zu rücken,
— die Annahme von negativen Phänomenen und Erfahrungen, die wertvolle – wenngleich auch auf den ersten Blick ‚harte' Lehrmeister sind,
— das Ausleben positiver Gefühle im Alltag, denn der, der sich glücklich zeigt, wird es auch sein (lächeln, tanzen und andere körperliche Aktivitäten lösen bereits Glücksgefühle aus),
— das Erspüren des *flow* als sein eigenes Bedürfnis jenseits von Unter- und Überforderung (vgl. Abbildung 1), der das Selbstwertgefühl steigert und schlussendlich
— die Selbstverständlichkeit, sich selbst nicht zu ernst zu nehmen und vor allem auch über sich selbst zu lachen.

... und was sie beide nicht brauchen

Ebenso wichtig wie die Beachtung und Förderung der Bedürfnisse des Kindes ist es angesichts unserer Hochleistungsgesellschaft vor allem die Hindernisse, die sich einem gesunden Glücksempfinden in den Weg stellen, zu erkennen. Der Wunsch (der Erwachsenen?), das eigene Kind müsse besser als die anderen sein, damit es ‚es später einmal leichter hat', fördert eine emotionale Einstellung, die eine Gratwanderung zwischen eigenen Glücksmomenten und der Missgunst anderen gegenüber darstellt. Hier Raum zu schaffen für ein gesundes Maß an Ehrgeiz, das auch gepaart ist mit dem Gefühl von Solidarität, ist die Aufgabe von Erwachsenen. Damit sich unsere ‚McGesellschaft' heute, wie die unserer Kinder morgen, nicht als eine „Anhäufung von Einzelmenschen" (Prisching, 1999, S. 10) präsentiert. Ein solch erwachsenes Verhalten würde zugleich die Jagd nach Erfolg bannen (Gehmacher in Bormans, 2011, S. 20) und dies umso mehr, je eher sie die Kompetenz von Leistung und Wissen auf die Emotionen verlagert (vgl. Benke, 2011, S. 57). Der für die Entwicklung zweifelsfrei notwendige ‚Vergleich mit anderen' könnte dazu genützt werden, dem Kind zwar die positiven Eigenschaften und Fähigkeiten erkennen zu helfen, diese jedoch nicht wettkampfähnlich zu leben, sondern anderen – etwa über Gruppenarbeit, Wettspiele ohne Gewinner etc. – zur Verfügung zu stellen und aus ihnen zu lernen (vgl. Senik in Bormans, 2011, S. 6f).

Was macht Kinder heute glücklich?

Wer kennt es nicht, das Leuchten in den Augen eines Kindes, wenn es richtig glücklich ist? Wer spürt es nicht auch, wenn einem Kind das Glück unter seine Haut kriecht?

Was die Kinder des ‚Heute' nunmehr glücklich macht, zeigt schematisch nachstehende Abbildung 2. Und es wird deutlich: Glück ist in jedem Fall etwas vordergründig Immaterielles!

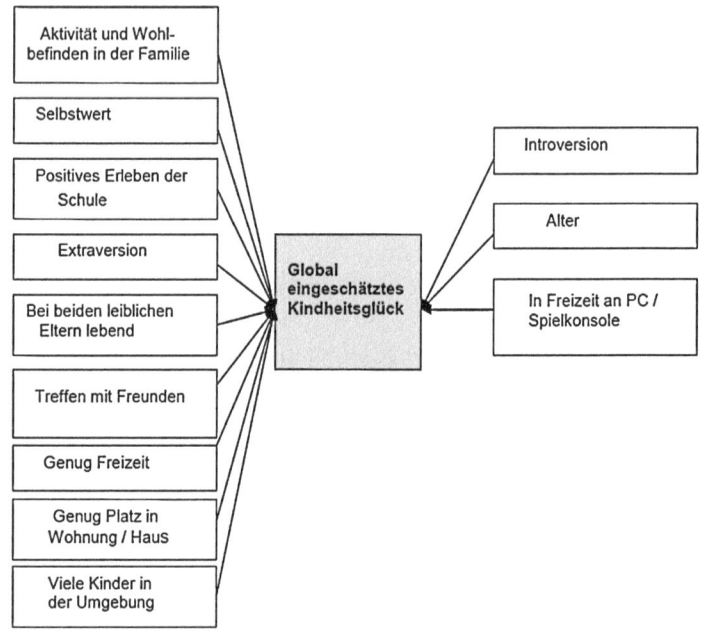

Abbildung 2: Faktoren des Kindheitsglücks
(Quelle: Bucher, 2007, S. 5)

Folgt man den Erkenntnissen der ersten Studie zum Kinderglück im deutschen Sprachraum (vgl. Bucher, 2007), so zeigt sich entgegen aktueller Unkenrufe nicht das Bild glücksunfähiger Kinder (vgl. Textor, 2009, S. 4). Ganz im Gegenteil: Die meisten der befragten Kinder sind ‚glücklich' bis ‚total glücklich' (zusammen weit über achtzig Prozent), und zwar ganz einfach ‚weil es ihnen gut geht' oder jemand da ist, der sich ‚um sie kümmert' (Eltern, Freunde etc.). Und dabei sind Kinder, die sich als selbstbewusst und extrovertiert zeigen, gegenüber ihren introvertierten Altersgenossen ganz offensichtlich um ein Vielfaches glücklicher (vgl. Textor, 2009).

Auf die Frage aber, was sie denn zu ihren glücklichsten Momenten in ihrer Kindheit zählten, führten mehr als die Hälfte ‚unverhoffte Geschenke', Ausflüge und Urlaube bzw. familiäre Momente an. Überhaupt am glücklichsten sind Kinder in den Ferien bzw. dann, wenn sie unter

Freunden sind bzw. sich gänzlich unbeobachtet von Erwachsenen an den ‚wilden Orten' (vgl. Benke, 2005, S. 147 bzw. 298) aufhalten.

„Glück braucht seinen Raum" (Bucher, 2007, S. 3) und zwar unabhängig davon, ob bzw. wo und wie immer sich das Kind bewegt; sowie unabhängig davon, ob draußen oder drinnen. Interessant scheint, dass aktive Bewegung gleichwohl das kindliche Glücksempfinden fördert wie passives Fernsehen. Schule und Hausaufgaben hingegen reduzieren ihre Glücksgefühle eindeutig.

Ganz allgemein gesprochen braucht es nicht viel um ein Kind zu begeistern, und wenn, dann liegt das Glück vielmehr in jenen Kleinigkeiten, in denen Kinder ihre Lebenswelt zurechtzimmern. Etwa, wenn Papa seine Autofahrt unterbricht und das Kind Gelegenheit hat, kurz zu spielen, zu laufen oder zu kraxeln; wenn man im Bett der Eltern am Wochenende eine Kissenschlacht machen darf oder man bereits bei Sonnenaufgang am Strand Muscheln sucht bzw. in den Bergen zum Aufstieg ansetzt.

Was in diesem Zusammenhang augenscheinlich Schwieriges erleichtert, zeigt das folgende Beispiel:

„Schauplatz Berg: Der neunjährige Gero und sein Bruder Heio sowie Maro (beide dreizehn) gehen eher unwillig mit ihren Eltern auf den Berg. ‚Berggeh'n is' fad und blöd' und nur durch die Begleitung ihres Cousins Maro erträglich. Ihr Gemütszustand ändert sich schlagartig ab der Situation, in der auf halbem Weg eine Rast eingelegt wird. Der Vater holt zur Überraschung aller einen Gaskocher und einen Topf hervor, die Mutter die Packerlsuppe.
Ein breites Grinsen überzieht deren Gesichter und plötzlich wird die Situation am Berg als ‚supercool' empfunden. Fast streiten sie sich, wer aus dem nahen Bacherl das Wasser für die Suppe holen ‚darf'. Und noch heute vergessen sie den ‚blöden Berg' und sprechen nur von ihrer coolen Jausenpause; denn dieses Erlebnis haben andere nicht gehabt ... Natur + Abenteuer = cool²" (Benke, 2005, S. 296).

Mindestens ebenso viele Glückshormone werden ausgeschüttet, wenn das Kind mit Mama und Papa barfuß den Sommerregen genießen und sich einregnen lassen darf, wenn es auch einmal erlaubt ist, sich in der Sandkiste ‚superschmutzig' zu machen; oder es im Gewand in den Teich springen und um die Wette in Pfützen hüpfen darf. Ganz nach dem ‚verrückten' Motto: Wer sich dabei möglichst nass macht, hat gewonnen.

Ganz offenbar liegt das Geheimnis des Glücks vor allem darin, dass es nichts kosten muss, um es sein Leben lang als emotionalen Schatz in Erinnerung zu behalten: So lieben es Babys etwa, Papier zu zerreißen.

Vielleicht wegen des zerfetzenden Geräusches oder weil es dadurch etwas verändern kann; sie lieben es, Tiere (bspw. Hunde im Park) zu beobachten und sie lieben Schatten- und Lichtspiele im (Halb)Dunkeln.

Kleinkinder entdecken gerne die Welt der Dinge aus einer aufregenden neuen Perspektive – und dies am liebsten mit unterschiedlichen Fortbewegungsmitteln wie Bus, Bahn, U-Bahn, Boot oder Schiff. Etwa über einen unangekündigten oder spontanen Ausflug erreicht man nicht nur ein Überraschungsmoment, sondern gibt ihnen die Chance, neue Räume wie eben Bahnhof, (Flug)Hafen, See bzw. Teich aus ihren Augen heraus zu entdecken. Und mit dem Element Wasser uneingeschränkt experimentieren zu können, zu schütten, zu gießen bzw. es mit Erde zu vermatschen, um dann endlos zu ‚gatschen'.

Vorschulkindern kann man zu Glücksgefühlen verhelfen, indem man sie mit einem abendlichen Bad in Grün, Blau oder Pink überrascht, wozu ein paar Tropfen Lebensmittelfarbe ausreichen. Oder sie beim Spaziergang in der Natur all das sammeln lässt, was ihnen gerade unterkommt und gefällt – von Tannenzapfen, Blättern und Steinen bis hin zu Vogelfedern und Knochen. Gerade die vielen kleinen Dinge der Natur üben in der Regel eine eigene Faszination auf sie aus, schenken ihnen vielfältige wie endlose Möglichkeiten zum Staunen, laden zum ‚Hängenbleiben' ein und lösen über kleine, aber nachhaltige Erlebnisse intensive Glücksgefühle aus.

Schulkinder hingegen lieben es schon ein wenig mutiger und verwegener: Sie sind stolz darauf, wenn sie im Haus, auf dem Balkon oder im Garten ‚campieren' oder sich ihr Essen selbst zubereiten dürfen (siehe Benke *Räume riechen – Räume schmecken*).

Apropos: Wissen Sie (immer), was Ihr Kind glücklich macht?

Von Wünschen glücklicher Kinder

Um es Kindern zu ermöglichen sich ihre eigenen Glücksräume zu erobern, braucht es neben einer Portion Kreativität (die es erleichtert, neben ausgetretenen Pfaden zu gehen) vor allem Spontaneität. Und: Es braucht Wünsche. Wünsche, die gar nicht sofort erfüllt werden müssen. Viel eher Wünsche, deren Erfüllung in einem Spannungsbogen steht, deren eines Ende die Vorfreude und deren anderes Ende schlussendlich die Erfüllung selbst ist.

Vielfach neigen wir Erwachsene jedoch dazu, gerade wenn Kinder negative Erfahrungen machen mussten, quasi als Ausgleich ihren momentan größten Wunsch unmittelbar zu erfüllen oder im Zuge eines bevorstehenden Anlasses wie Weihnachten überhaupt all ihre Wünsche zu erfüllen. Damit tut man ihnen jedoch insofern nicht Gutes, als sie es verlernen auf etwas warten zu müssen und man ihnen so auch die Chance auf das Erleben des besagten Spannungsbogens nimmt, der sich bei Wünschen sukzessive aufbaut. Denn gerade im Falle vieler Wünsche ist es für sie wichtig, sich für den einen oder anderen zu entscheiden. Dabei helfen Wunschzettel und wenn Wünsche offen bleiben, macht das gar nichts. Zumal ein – oft auch bewusst herbeigeführter – Verzicht beziehungsweise die ‚verzögerte' Befriedigung der Bedürfnisse zu einer der wichtigsten Erfahrungen führt, die Kinder machen müssen. Gerade angesichts unserer Konsumgesellschaft, die heute ohnehin kaum mehr Wünsche offen lässt. Ein bewusstes Handeln der Erwachsenen kann allerdings dem Phänomen ‚Weihnachtsmann-Nicht-Effekt' (Benke) entgegenwirken, das zum Ausdruck bringt, dass man auf die Beschenkung durch den Weihnachtsmann ja ohnedies nicht mehr zu warten braucht. Denn Weihnachten ist jederzeit und überall.

Dies mögen folgende zwei Beispiele zeigen, die lediglich eine beobachtete Geschenkspraxis wiedergeben: So wünscht sich etwa schon die zweieinhalbjährige Leoa zu Weihnachten einen Laptop und ein Handy, die vierjährige Dena einen Fernseher für ihr Kinderzimmer (und bekommt ‚natürlich' einen neuen Flachbild-Fernseher).

Ein Warten lohnt sich für die Kinder jedenfalls im doppelten Sinne, denn es zeigt sich eindeutig: „Kinder, die sich gedulden und beherrschen können, sind in der Regel stabiler, glücklicher und auch erfolgreicher als jene, denen jeder Wunsch von den Augen abgelesen wird" (Herfort, 2012, S. 1). Oder wie es die zehnjährige Vana formuliert: „Wenn man alles (sofort) erfüllt bekommt, hat man keine Wünsche mehr."

Keine Wünsche können Kinder aber auch aus anderen Gründen heraus haben. Klaa (neun Jahre) schafft es bspw. nicht zu sagen, ‚es war toll' oder ‚hat mir nicht gefallen'. Für sie ist alles ‚egal', ‚ok', ‚geht so' oder ‚vielleicht'. Bei ihr sind Gleich- und Mittelmaß Ausdruck ihrer Gefühlslage im Erleben des Kinderalltags. Sie ist es aber auch nicht anders gewohnt. Scheinbar verläuft auch ihr Alltag im Gleichmaß – als flache Erlebnispyramide ohne jegliche Erlebnisspitzen. Sie erlebt offenbar kaum besondere Unternehmungen; die erste Zugfahrt erlebt sie erst mit acht Jahren, das Wochenende verläuft ohne Ausflüge und der Urlaub dauert wenige Tage. Steht uns eine ‚Generation Egal-Kinder' ins Haus? Das gleichgültige, selbstreferentielle Kind? Oder ist ein Kind wie dieses doch nur ein Kind von wenigen? Und vielleicht auch noch ein ganz ‚normales'? Wie kann ein Kind wie dieses Glück erleben?

Ausblick

Die Bausteine der Glücksräume der Kinder sind vielfältig, wobei das entschieden größte Glück wohl zuerst im Geben und dann im Nehmen bzw. eher im Loslassen, denn im Halten liegt, und nicht umgekehrt – wie es uns unsere Konsum- und Leistungsgesellschaft weismachen will. Oder wie sich ein geflügeltes Wort des Schriftstellers André Gide liest: ‚Das Geheimnis des Glücks liegt nicht im Besitz, sondern im Geben. Wer andere glücklich macht, wird glücklich.'

Woran erkennt man eigentlich ein glückliches Kind, ein Kind, das Glück spüren und auch zeigen kann? Was macht es und wie handelt es?

Ein glückliches Kind nach Kreichgauer (2012)
- hat sein Leben selbst in der Hand, d. h. es meint, sein eigenes Glück bzw. Unglück selbst herbeiführen zu können. (Diese Überzeugung, Dinge beeinflussen zu können, ist wichtig für das Erreichen zentraler Lebensziele und für eine zufriedene Lebenseinstellung.)
- investiert in seine sozialen Beziehungen und bekommt Unterstützung von Freunden und der Familie. (Zudem vertraut es darauf, dass andere Menschen es schätzen und mögen – unabhängig davon, ob das der Wahrheit entspricht. Somit gilt: Gute Sozialbeziehungen schaffen positive Erlebnisse.)
- bleibt konsequent, übernimmt Verantwortung und markiert für andere seine Grenzen.
- ist und handelt fair.
- ist kreativ und neugierig. Es nimmt aktiv teil am Leben, öffnet sich, ist sensibel, spontan und produktiv.
- hat häufig positive Erlebnisse, wobei die Häufigkeit und nicht die Intensität entscheidend ist. (Es scheint förderlicher, sich bei vielen

kleinen Anlässen wohlzufühlen und sich zu freuen, statt auf das ‚große Glück' zu warten.)
- hat bei seinen Aktivitäten Gefühle, die dem Glück sehr verwandt sind. (Dieser Gefühlsstrom – der flow – entsteht in den vielfältigsten und unterschiedlichsten Situationen, d. h. beim Hobby ebenso wie beim Lernen; generell jedoch bei Aktivitäten, die weder über-, noch unterfordern. Aber flow entsteht nicht beim Ausruhen oder Fernsehen.)
- schafft die Balance zwischen Anspannung und Entspannung.
- schafft die Balance zwischen dem, was es hat und was es will.
- lebt nicht augenblicksabhängig und genussorientiert, nur weil es im Hier und Jetzt lebt und seine Bedürfnisse nicht aufspart.
- schätzt seine Ziele und Möglichkeiten realistisch ein, kennt seine Stärken und Schwächen. (Es schafft eine Balance zwischen Anspruch und Anstrengung, indem es entweder die eigenen Ansprüche senkt oder seine Anstrengungen intensiviert; es hat Ziele, die es erreichen will.)
- hat Eltern, die es lieben und ihre Liebe im Alltag wie auch in Krisenphasen zeigen. (Liebe schenkt Freiheit, entlässt das Kind in die Selbstständigkeit und gibt ihm den Raum, den es zum Wachsen und für seine freie Entwicklung bzw. sein Glückserleben braucht: D. h. der Fünfjährige geht zum Einkaufen ums Eck, die Elfjährige ins Zeltlager, der verliebte Teeny mit dem Freund ins Kino.)

Einmal mehr ist es Aufgabe von uns Erwachsenen, eine Umgebung zu arrangieren, die glücksbegünstigend wirkt. Wir können dazu beitragen, dass unsere Kinder glücklich sind, doch wollten wir sie direkt glücklich machen, wäre das ebenso verfehlt, wie ihnen jeden Stolperstein auf ihrem Weg zum Glück aus dem Weg zu räumen. Solche ‚Curling-Eltern', wie sie der dänische Pädagoge Jesper Juul (vgl. Herfort, 2012) nennt, „bewirken in der Hoffnung, dass die Kinder dann glücklicher sind, leider oft das Gegenteil". Die Kleinen, von denen alles ferngehalten wird, werden eher unsicher, trauen sich wenig zu und lernen so kaum mit Frustrationen umzugehen (siehe Benke *Beglücken statt Beglucken*). Dabei scheint es einfach zu sein, wie auf einer Website nachzulesen ist:

„Um Kinder langfristig glücklich zu machen, sollte man damit aufhören, den Nachwuchs um jeden Preis kurzfristig glücklich machen zu wollen. Werden Kinder überhätschelt und verwöhnt, wird ihnen jeder Wunsch erfüllt, wachsen sie mit der Erwartung auf, immer so behandelt zu werden. Die Realität sieht aber ganz anders aus. Wenn Kinder nicht in jungen Jahren lernen, mit negativen Emotionen umzugehen, werden sie spätestens im Erwachsenenalter davon überrollt. Eltern sollten also lernen, Zurückhaltung zu üben – und nicht obwohl, sondern gerade weil sie ihr Kind lieben" (Weber, 2001, S. 1).

Die Evolution hat uns mit der Fähigkeit ausgestattet, Glück erleben zu können – auch und gerade im Kindesalter. Es gilt, das persönliche Glück zu entdecken und die vielen kleine Bausteine der eigenen Lebensräume zu seinem ‚Alles' werden zu lassen zu dürfen. Denn Glück ist – wenn es als Prozess wie Lebenshaltung verstanden wird – ‚Alles' nur kein Sollzustand, den es auf Biegen und Brechen zu erreichen gilt (vgl. Diener u. Biswas-Diener, 2008).

Geben wir den Kindern vielsinnige Erfahrungen in der Aneignung ihrer mannigfältigen *[Zwischen]Räume*, damit sie daraus eigenständig ihre *Glücksräume* schmieden können.

Literatur

Benke, Karlheinz (2013). Was Kinder wirklich brauchen: Vom emotionalen Salz in der (Entwicklungs)Suppe. Verfügbar unter: http://www.ekiz-graz.at/wp-content/uploads/2012/12/Benke.Was-Kinder-wirklich-brauchen.pdf

Benke, Karlheinz (2012). EQ statt IQ! Die Kraft Emotionaler [Zwischen]Räume. In: KiSte 12: Ich. Du. Wir. Emotionen und soziale Beziehungen in der elementaren Bildung. Graz: Land Steiermark - Abt. 6, Bildung und Gesellschaft, S. 20-21. Verfügbar unter: http://www.verwaltung.steiermark.at/cms/dokumente/11682860_74835169/0062ac9c/LR_FA6E_KISTE_12_v21.pdf

Benke, Karlheinz (2011). Den Gefühlen Raum geben. Emotionale Zwischenräume. In: Benke, Karlheinz, Hg.: Kinder brauchen [Zwischen]Räume. München: Meidenbauer, S. 57-82.

Benke, Karlheinz (2005). Geographie(n) der Kinder: Von Räumen und Grenzen (in) der Postmoderne. München: Meidenbauer.

Biddulph, Steve (2001). Das Geheimnis glücklicher Kinder. München: Heyne.

Bormans, Leo (2011). Glück. The World Book of Happiness: Das Wissen von 100 Glücksforschern (Auszug verfügbar unter: http://www.dumont-buchverlag.de/sixcms/media.php/1/9357_Glueck_Leseprobe.pdf). Köln: Dumont.
Bucher, Anton A. (2007). Was Kinder glücklich macht (Ergebnisse einer Repräsentativbefragung des ZDF – Universität Salzburg). Verfügbar unter: http://www.Unternehmen.zdf.de/fileadmin/files/Download_Dokumente/DD_Das_ZDF/Veranstaltungsdokumente/Zusammenfassung_quantitative_Studie.pdf
Chibici-Revneanu, Eva-Maria (2010). Glück macht Schule. Verfügbar unter: http://www.lernwelt.at/downloads/glueck-macht-schule_stmk.pdf
Diener, Ed, Biswas-Diener, Robert (2008). Happiness: Unlocking the Mysteries of Psychological Wealth. Malden: Blackwell.
Guggenberger, Bernd (2000). Sein oder Design. Im Supermarkt der Lebenswelten. Reinbek: Rowohlt.
Haag, Birgit (2009). Was ist Glück? In: Impuls-Letter (Nr. 2). Verfügbar unter: http://www.haag-coaching.at/download/IMPULSLETTER%202-09%20Was%20ist%20Glück.pdf
Herfort, Gabriele (2012). Wie werden Kinder glücklich? In: Beobachter (Ausg. 26). Verfügbar unter: http://www.beobachter.ch/familie/erziehung/artikel/erziehung_wie-werden-kinder-gluecklich/print.html
Kreichgauer, Karl (2012). Was verursacht Glück (Übersicht)? Verfügbar unter: http://www.gluecksarchiv.de/inhalt/glueck.htm
LSR, Landesschulrat für Steiermark (2009). Glück macht Schule. Lehrplan für die Grundschule. Verfügbar unter: http://www.lsr-stmk.gv.at/cms/dokumente/10090543_356584/2d2d22ff/gms%206a%20hp%20lsr%2009%2012%20Lehrpla%20Gl%C3%BCck%20macht%20Schule%20VS.docx
Liedloff, Jean (1984). Auf der Suche nach dem verlornen Glück. Gegen die Zerstörung der Glücksfähigkeit in der frühen Kindheit. München: Beck
Prisching, Manfred (1999). Die McGesellschaft. In der Gesellschaft der Individuen. Graz: Styria.
Ruckriegel, Karlheinz (2007). Happiness Research (Glücksforschung) – eine Abkehr vom Materialismus (Sonderdruck Schriftenreihe der Georg-Simon-Ohm-Fachhochschule Nürnberg, Nr. 38, Mai). Verfügbar unter: http://www.ohm-hochschule.de/fileadmin/Hochschulkommunikation/Publikationen/Sonderdrucke/38_ruckriegel.pdf
Salcher, Andreas (2008). Der talentierte Schüler und seine Feinde. Salzburg: Ecowin.
Seligman, Martin E. P. (2012). Der Glücks-Faktor: Warum Optimisten länger leben. Köln: Bastei-Lübbe.
Textor, Martin R. (2009). Kinder sind glücklich! In: Kindergartenpädagogik - Online-Handbuch. Verfügbar unter: http://www.kindergartenpaedagogik.de/2014.html
Thibaut, Matthias (2011). Statt Liebe gibt es das iPhone. In: Kleine Zeitung (15. September). Graz.

Veenhoven, Ruut (2011). Glück als subjektives Wohlbefinden: Lehren aus der empirischen Forschung. In: Thomä, Dieter, Henning, Christoph, Mitscherlich-Schönherr, Olivia, Hg.: Glück: Ein interdisziplinäres Handbuch. Stuttgart: Metzler. Verfügbar unter: http://www2.eur.nl/fsw/research/veenhoven/Pub2010s/2011d-fulld.pdf

Weber, Claudia (2011). Wie Kinder glücklich aufwachsen. Verfügbar unter: http://sunny7.at/leben/familie/erziehung/wie-kinder-gluecklich-aufwachsen?page=0%2C2&more_articles_anchor=1

Link

Preiswertes Vergnügen für Kids: Einfache Möglichkeiten, wie Sie Ihr Kind glücklich machen können. Verfügbar unter: http://www.babycenter.at/a26859/preiswertes-vergn%C3%BCgen-f%C3%BCr-kids-einfache-m%C3%B6glichkeiten-wie-sie-ihr-kind-gl%C3%BCcklich-machen-k%C3%B6nnen

# III. Ausblick

Zeit geben – Zeit nehmen
Zeiträume

Karlheinz Benke

Raum zeichnet das Geschehen auf, indem sich die Handlungen der Personen in ihm einschreiben. Die Zeit hält es fest. Gehen wir davon aus, dass [Zwischen]Räume von jedem Handelnden selbst geschaffen werden, so gilt selbiges auch für die individuell genutzte Zeit. Indem man sich Zeit aneignet, mit ihr umgeht, sie nutzt, vertrödelt, sie verliert bzw. einholen oder gutmachen muss.

Obwohl Zeit an sich ganz klar etwas Objektives ist, wird sie doch höchst individuell und subjektiv erlebt. Und: Zeit ist begrenzt vorhanden und nicht vermehrbar und kann nicht gespart oder gelagert werden, sondern muss noch in dem Moment ausgegeben werden, in dem man sie erhält. Da sie sonst unwiederbringlich verrinnt, ist sie kostbarer als alles andere. Und: Zeit existiert als *Zeitpunkt* oder als *Zeitraum*. (Wobei *Zeiträume* im Folgenden unter zwei Aspekten zu sehen sind: zum einen als etwas Passives, das man als Erwachsener bzw. als Gesellschaft den Kindern zur Verfügung stellt und zum anderen als etwas Aktives, das Kinder nützen.)

Zeit an sich ist somit kostbar. Umso kostbarer ist Zeit wohl, wenn sie Bestandteil und Gradmesser einer Gesellschaft ist, die sich in Höchstgeschwindigkeit vorwärts bewegt und sich aus sich heraus immer weiter beschleunigt und dabei auf Strukturen setzt, die Hektik als normal, ebenso wie Pausen und Stillstand als anormal versteht. Keine Zeit haben (und nicht: sich keine Zeit nehmen!) wird zum geflügelten Wort.

Es stellt sich nunmehr die Frage, wie sich unsere ‚dromologisierte Gesellschaft' (Virilio) auf unsere familialen Beziehungen respektive die Entwicklung der Kinder auswirkt. Denn als mittlerweile selbst ‚Zeitkranke' (vgl. Macho, 1998, S. 6) bemerken wir Erwachsene oft erst spät, wie sehr etwa ein noch kleinkindlicher Körper Ruhepausen und Entspannung für sein Gleichgewicht und seine Entwicklung braucht.

Sichtbares Zeichen der Raum-Zeit-Überwindung in der gegenwärtigen Terminkalenderkindheit sind die ‚Taxi-Mama'-Dienste. Sie verdichten die kindliche Erlebniswelt insofern, als Ruhe und Langsamkeit sich kaum mehr entfalten und wirksam werden können. Der im Hetzen erlebte Zeitdruck wird noch ergänzt um ein flüchtiges ‚Rauminsel-Erleben', das Kinder als eine zerrissene Lebenswelt wahrnehmen, in der sie sich mit hohem Zeit- und Energieaufwand zwischen verschiedenen, isoliert erlebten Lebensrauminseln (Schulinsel, Freizeitinsel, Tagesmutter-Insel, Familieninsel etc.) bewegen. Wie Frösche, die – um eine Metapher zu zeichnen – quer über ihren Teich von einem Seerosenblatt zum anderen hüpfen. Mit dem Effekt, dass diese zeitlich-räumliche Verdichtung weder eine selbstbestimmte Entfaltung noch die emotionalen Bedürfnisse des Kindes nach Eigenzeit, Eigenraum beziehungsweise Pausen – oder gar nach Ruhe- und Stillezeiten – bedient, sondern zunehmend emotional ‚zerrissene Kinder' (vgl. Benke, 2012, S. 20) erkennen lässt.

Zerrissen aber nicht deshalb, weil Kinder nicht wissen was sie wollen, sondern viel eher weil sie viele Dinge gleichzeitig wollen und sich zunehmend schwer tun, eine Entscheidung für etwas – und nicht alles – zu treffen.

Gesellschaftsbilder

Jede Zeit hat ihre Kinder ...

Das Sprichwort „Jede Zeit hat ihre Kinder" bezieht sich darauf, dass jede Epoche ihre eigene Gesellschaft gebiert und von selbiger wiederum geprägt wird. Wie sieht also unsere gegenwärtige, schnelllebige Zeit und ihre ‚Anspruchsgesellschaft' aus, die aus jeder Situation etwas herausholen muss und nichts ungenützt lässt? Und somit auch – These Nummer eins – Kindheit und Jugend als eine Zeit zu selbstverstehen glaubt, die möglichst produktiv und effizient durchlebt werden muss.

These Nummer zwei meint eine zunehmende Auflösung der beiden Altersgruppen Kinder und Erwachsene, deren scharfe Konturen sich verlieren bzw. ineinander auflösen. Mit dem Resultat einer ‚kindlichen Gesellschaft' (Bly, 1998), die durch eine Infantilisierung der Erwachsenen und eine Erwachsenenmachung der Kinder (vgl. Benke, 2005, S. 78) gekennzeichnet ist. In ihr breitet sich der Wunsch aus, als Erwachsener wieder mehr bzw. lange Kind sein zu dürfen. Mickey-Maus-T-Shirts für Erwachsene und umgekehrt Star-Wars-T-Shirts für Kleinkinder, Luftballons für Fünfzigjährige, Uni-Age-Filme ab null Jahren, HipHop im Kindergarten etc. Dazu ein boomender Schönheits- und Gesundheitsmarkt sowie eine Konsum- und Unterhaltungsindustrie, die immer weniger Unterschied zwischen Kindern und Erwachsenen machen. Was zu fehlen scheint, sind Grenzen. Kaum mehr Altersgrenzen, kaum mehr Abgrenzungen im Sinne einfacher ‚Neins' im alltäglichen Miteinander.

Sind solch „Halberwachsene" (Bly, 1998, S. 7) vielleicht nicht nur Sinnbild eines ewig schlummernden Kindes in uns und gleichzeitig auch Ausdruck einer Verweigerung von Verantwortungsübernahme? Wenn Kinder schnell erwachsen werden sollen, nur um dann doch als Erwachsene wieder zu Kindern zu werden? Schrumpft Kindheit als *Zeitraum* allmählich respektive werden damit die Bedürfnisse der Kinder nach ‚ihrer' Zeit und ‚ihrem' Raum nicht schlichtweg ignoriert?

Kindern ihre (erwachsene) Zeit geben ...

Eine der häufigsten Klagen gegen Erwachsene heute ist jene, den Kindern zu wenig Schutz bzw. Orientierung zu bieten bzw. keine Zeit für sie zu haben. Einen Zustand, den Bly (1998, S. 185ff) bereits vor mehr als fünfzehn Jahren auch im amerikanischen Familienalltag feststellte: „Widmeten beide Elternteile ihrem Kind noch vor fünfzig Jahren gemeinsam elf Stunden Zuwendung pro Tag, so sind es heute im direkten Gespräch durchschnittlich gerade elf Minuten mit dem Vater und einige Minuten mehr mit der Mutter" (Benke, 2005, S. 31).

Die erwähnte subjektiv empfundene Einschätzung von Zeitknappheit in den Familien belegt auch der 8. Familienbericht Deutschlands aus dem Jahr 2011. Demnach haben insgesamt rund zwei Drittel der Väter und ein Drittel der Mütter zu wenig Zeit für ihre Kinder – und dies vor allem für die Jüngsten (vgl. Blum, 2012, S. 3). Dabei steht erwerbstätigen Eltern entsprechend weniger Zeit für ihre Kinder zur Verfügung als nicht-erwerbstätigen Eltern, wenngleich es – und das ist interessant – berufstätigen Eltern meist besser gelingt, diese Zeit zu kompensieren. Sie verzichten auf Schlaf, Hobbies, Freiwilligenarbeit etc. oder lagern (als höher gebildete Frauen) schlichtweg Hausarbeit als Dienste an Dritte aus (vgl. Berghammer, 2011, S. 5). Somit verbringen heute erwerbstätige

Mütter etwa neuneinhalb Stunden mit ihren Kindern und Hausfrauen rund dreizehn Stunden pro Tag (vgl. Berghammer, 2011, S. 6). Dadurch zeigt sich einerseits, dass sich die Zeit erwerbstätiger Mütter für ihre Kinder zwar verringert, aber sich andererseits die Konsequenzen in Familien mit erwerbstätigen Müttern in erster Linie auf Klein- und Vorschulkinder auswirken. Hier werden noch kaum Zeitzwänge wirksam, sodass auch jede Stunde Erwerbsarbeit etwa die Care-Zeit nur noch um rund eine halbe Stunde reduziert.

Glücklicherweise hängt eine positiv erfahrene Betreuung und Begleitung von Kindern aber nicht an der Frage der Quantität, sondern an der der Qualität. So gesehen kann weniger durchaus mehr sein und Zeit, gerade Familienzeit, von Kindern als Maß und „Ausdruck emotionaler Zuwendung" (vgl. Benke, 2007, S. 2) erlebt werden.

Die schwierige Gratwanderung stellt sich auf der einen Seite anhand der Frage zwischen einem ‚Zuwenig und Zuviel' an Zeit, zwischen Vernachlässigung und Beglückung (siehe Benke *Beglücken statt beglucken*) der Kinder; auf der anderen Seite gilt es für Erwachsene darauf zu achten, dass nur der, der sich Zeit (für sich selbst) nimmt, auch Zeit geben kann (weil er die nötige Kraft dazu hat). Was auch die Bindungsforschung ganz klar bestätigt (vgl. Brisch, 2012): Es muss den Eltern gut gehen, damit sie auf Signale des Kindes hören und auf dessen emotional-individuelle Bedürfnisse (Zeit, Raum etc.) auch adäquat reagieren können. Nur gelassene Mütter und Väter entwickeln eine ‚intuitive Einfühlung' und können so sensitiv auf das Bedürfnis des Kindes nach Eigentempo eingehen. Ein solches ‚Bauchgefühl' der Mütter kann sich unter Zeitdruck und Stress gar nicht entwickeln. Es sei denn, man vermag dieser Falle sehr bewusst zu begegnen.

Kindern ihre Zeit lassen ...

„Wenn du es eilig hast, gehe langsam" lautet ein bekannter Buchtitel von Lothar Seiwert (2003). Was für Erwachsene gilt, gilt – wie gezeigt wird – umso mehr für Kinder, gerade wenn man die Entwicklung von Kindern angesichts des rasanten Tempos im Lern- und Lebensalltag heute beobachtet.

Hirnforscher wie Gerald Hüther warnen vor dem Hintergrund dieser Überforderung vor einer Überfüllung des kindlichen Gehirns (als Speicherort dieser Eindrücke) und weisen eindringlich darauf hin, dass das kindliche Hirn – gerade für ein reflexives Langzeitgedächtnis – ähnlich wie ein Muskel Ruhephasen und Regenerationszeiten benötigt, um sich ‚gesund' entwickeln zu können. Eine Forderung, die angesichts permanenter Höchstleistungsanforderungen geradezu paradox klingen muss, wo doch ein Termin bzw. ein Training das nächste jagt.

Was Kinder aber brauchen, ist eine Mischung aus schneller und langsamer Zeit. Um diese unterschiedlichsten ‚Formen' von Zeit nützen zu können, brauchen sie Erwachsene, die ihnen den jeweiligen Rahmen dafür bereitstellen, sodass sie von sich aus die Möglichkeiten haben, ihre individuelle Geschwindigkeit in der jeweiligen Situation selbst wählen zu dürfen. Ganz im Sinne von nutzbaren *Zeiträumen*, wie sie auf den nachfolgenden Seiten erörtert werden:

– *Individuelle Zeitlücken* im Tageslauf – in sprachlicher Anlehnung an [Zwischen]Räume auch ‚[Zwischen]Zeiten' (bspw. ausrasten, innehalten),
– *Selbstbestimmte Zeit* (‚Ehrenrunden'-Möglichkeiten in Schule und Arbeitswelt, Zusammensein mit Freunden),
– *Zeiten ohne Ablenkung* im Sinne von „*Stillezeiten'* (bspw. Märchen- und Fantasieräume aus Büchern und Gute-Nacht-Geschichten) bzw.
– *Langeweile* (bspw. Zeit, die lange weilt, schätzen, etwas erwarten können).

Individuelle Zeitlücken

Gerade angesichts der Raumquerung und des Erlebens von Raum – mal ist man kurz hier auf dieser Lebensrauminsel, dann wieder kurz dort usw. – ist der Aspekt der individuellen Zeitlücken, der persönlichen Zeiträume, ein für das Kind zentraler.

Es ist angesichts dieser zusammenhanglosen und hektischen Art der Lebensweltaneignung für das Kind vor allem wichtig, zwischendurch immer wieder die Möglichkeit und die Erlaubnis zu haben, unproduktiv sein zu können und etwas tun zu dürfen, was auf den ersten Blick vielleicht sinn- bzw. zweckfrei scheint (und angesichts unseres Leistungs- und Anspruchsdenkens beinahe verpönt ist). Das Kind braucht diese Zeit nicht bloß, um für sich Energie zu tanken, sondern um zu reflektieren und die Flut von Bildern und Erfahrungen in sein eigenes Lebensweltbild zu integrieren und zu einem Gesamtkonstrukt im Gehirn zu vernetzen. Es braucht sie zum Inne- und Rückschau halten darauf, wie etwas war und wie dieses Etwas vielleicht weiter sein wird. Fehlt dem Kind diese Zeit, so hat es keine Gelegenheit sich in die Situation und Gedankenwelt anderer hineinzuversetzen. Die solcher Art fehlende Möglichkeit zur Innenschau („Was macht das mit mir, wenn ich das mache? Was mit ihm oder ihr?") lässt in weiterer Folge auch Empathie vermissen und verleitet ganz allgemein eher zu fehlender Rücksichtnahme dem ‚Anderen' gegenüber. Ganz nach dem Wortsinn von ‚keine Rück-Sicht nehmen', nicht zurück zu ‚schauen' auf sein Tun, nichts überdenken, sondern einfach nur (zielgerichtet) nach vorne zu blicken. Und damit das einzulösen, was die beschleunigten Lebensrhythmen unserer Leistungsgesellschaft einfordern: ein ‚Schneller-Höher-Weiter', bei dem am Ende jedoch in jedem Fall unbedingt etwas herausschauen muss.

Selbstbestimmte Zeit

Was die *selbstbestimmte Zeit* des Kindes angeht, so lässt sich diese Entwicklung sehr anschaulich über die Beobachtung kleinkindlicher Handlungen machen. Wie lange oder wie oft bspw. ein Kind eine gewisse Tätigkeit ausführt, wie intensiv und selbstvergessen es spielerisch erforscht, sollte allein im Ermessen des Akteurs selbst liegen. Kein Kind sollte aus diesem Schwebezustand herausgerissen werden – etwa wenn es ganz im Tun versunken immer wieder verschiedenste Bauklotzformen durch passende Löcher steckt oder Wasser in unterschiedliche Gefäße umgießt. Aus Handlungen, die sich im Aufgehen dieses einzigartigen Moments zeigen und sich bei Erwachsenen etwa beim Lesen, beim Lösen von Problemstellungen in Mathematik oder Schach etc. wiederfinden. Maria Montessori bezeichnet übrigens diese selbstbestimmte, spielerische

Aneignung von Umwelt im kindlichen Eigentempo als ‚Polarisation der Aufmerksamkeit'. So wie im folgenden Beispiel, in dem sich ein dreijähriges Kind mit Einsatzzylindern auseinandersetzt:

„Zu Anfang beobachtete ich die Kleine, ohne sie zu stören, und begann zu zählen, wie oft sie die Übung wiederholte, aber dann als ich sah, dass sie sehr lange damit fortfuhr, nahm ich das Stühlchen, auf dem sie saß, und stellte Stühlchen und Mädchen auf den Tisch; die Kleine sammelte schnell ihr Steckspiel auf, stellte den Holzblock auf die Armlehnen des kleinen Sessels, legte sich die Zylinder in den Schoß und fuhr mit ihrer Arbeit fort. Da forderte ich alle Kinder auf zu singen; sie sangen, aber das Mädchen fuhr unbeirrt fort, seine Übung zu wiederholen, auch nachdem das kurze Lied beendet war. Ich hatte 44 Übungen gezählt; und als es endlich aufhörte, tat es dies unabhängig von den Anreizen der Umgebung, die es hätten stören können; und das Mädchen schaute zufrieden um sich, als erwachte es aus einem erholsamen Schlaf" (Montessori, 1976, S. 70).

Ganz offensichtlich beschäftigt sich dieses Kind so lange, bis sein ‚innerliches' Explorationsbedürfnis gesättigt ist. Selbst wenn es für Außenstehende vielleicht schon lange keinen praktischen Zweck mehr hat (und man es mit einem „es reicht schon" kommentieren möchte), hört es erst dann mit dieser hochkonzentrierten, unzählige Male wiederholten Handlung auf.

Für das Kind aber bedeutet dieser letzte Schritt, vor allem eines: Es darf zu guter Letzt voller Freude sein, etwas in seinem Sinne zu Ende gebracht zu haben und damit selbst auch das erreicht zu haben, was es ‚innerlich' weiterbringt und sein Selbstwertgefühl steigen lässt. Und es darf umgekehrt auch Zeit haben, auf Dinge und Inhalte zu warten, die noch nicht für sein Alter bestimmt sind.

Zeiten ohne Ablenkung: Stillezeiten

Nur weil Kinder gerne in Bewegung sind, bedeutet dies nicht zugleich, dass sie auch permanent rastlos sein wollen. Vielmehr fordern umgekehrt stürmische Zeiten die sogenannten Aus- und ‚Stillezeiten' (Montessori) als probate Gegenmittel geradewegs ein. Ja, Bewegung und Stille bedingen sich gegenseitig und beide regen das kindliche Gehirn an. Dabei ist es eben nicht egal, ob tagsüber einmal das Radio läuft, beim Essen der Fernseher an ist, das Handy läutet oder die Geburtstagsfeier übermäßig laut beschallt wird. Es liegt an vielen Kleinigkeiten im Alltag, für Rahmenbedingungen zur Entspannung des Ohrs zu sorgen; gerade dann, wenn man bedenkt, dass das Ohr kein Sinnesorgan ist, das man einfach nur (wie die Augen etwa) schließen kann.

Ruhe und Stille sind ein kostbares Gut, sind Rituale in der akustischen Landschaft der kindlichen Entwicklung. Um dies zu erfahren eignen sich gerade musikalische Fantasiereisen (vgl. Benke, 2011a, S. 217f) oder Geschichten, die zu solchen Reisen anregen, hervorragend. Aber auch Massagen schaffen Entspannung (etwa mit Zaubershampoo den Kopf des Kindes waschen) etc.

Langeweile

Trotz eines Kinderzimmers voll mit Spielsachen ist ein „mir ist so langweilig" einer jener Kindersprüche, die man häufig vernehmen kann. Mit einer Zeit die lange weilt, fangen viele Kinder nur mehr wenig an. Dabei brauchen sie gerade jenen zeitlichen Leerlauf, in dem sie auf ihre ganz persönliche Fantasie zurückgreifen können, in denen sie ruhige Momente (der Langeweile) finden und über spannende Ideen ihre eigenen Interessen kennen lernen. Denn Langeweile fördert nicht nur die Fantasie – sie ist die Basis für das freie Spiel.

In Zeiten der Langeweile haben sie endlich Ruhe, sich selbst zu entdecken, um vielleicht auch festzustellen, wie gut es auch ohne ‚Action' geht, wie wenig man braucht um sich glücklich zu fühlen.

Finden Kinder alleine aus ihrer Langeweile heraus, so stärken sie auch ihr Selbstbewusstsein. Fällt es ihnen jedoch schwer, sich daraus zu lösen oder sind die Eltern sehr schnell bereit, das sich langweilende Kind zu unterhalten, so wächst die kindliche Empfindlichkeit gegenüber Langeweile.

Selbst- oder fremdbestimmte Zeit?

Doch aus welcher Perspektive sehen wir Erwachsene die Zeit bzw. welche zeitlichen Perspektiven lassen wir den Kindern heute? Dazu zwei bildhafte Modelle:

Wie sehr wir das Tempo der Entwicklung der Kinder fremdbestimmen, lässt sich etwa sehr einfach über die (vermeintlich Weichen stellende) Frage festmachen, ob wir es unseren Kindern im Laufe ihrer Schullaufbahn ‚erlauben', die Schulstufen selbstbestimmt so zu meistern, wie es ihrem ‚inneren Entwicklungsplan' entspricht. Da dazu jedoch auch eine sogenannte ‚Ehrenrunde' (vgl. dazu die Schleifen der Entwicklung in Abbildung 1), also: das Repetieren oder Sitzenbleiben zählen kann, wird es vermutlich wenige Erwachsene geben, die diesen für das Kind selbst vielleicht stimmigen Weg bedingungslos bejahen können. Viele ‚erziehende' Erwachsene würden wohl eher den Lerndruck erhöhen und Nachhilfestunden forcieren. Dabei würden vielleicht gerade diese ‚Zeitschleifen' den aktuellen Bedürfnissen des Kindes entsprechen und – als ‚sensible Phasen' (Montessori) – es so in einer seiner Entwicklungsphasen ganz besonders aufnahmebereit – für Lern(fort)schritte auf einer gänzlich anderen Ebene, in einer individuell-adäquaten Geschwindigkeit – machen. In diesen selbst geschaffenen Zeiträumen könnten sich selbige leicht, freudvoll und gleichsam spielerisch vollziehen, währenddessen dieselben Lernschritte das Kind zu einem anderen Zeitpunkt überfordern und unter Druck setzen oder sogar unterfordern und langweilen könnten.

Das folgende Bild bringt diesen Unterschied in der kindlichen Lernchance zwischen selbstbestimmter ‚Entwicklung' und fremdbestimmter ‚Er-Zieh-ung' zum Ausdruck.

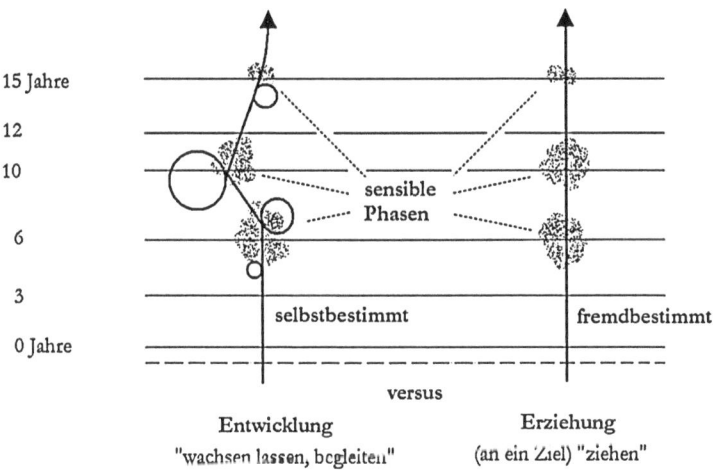

Entwurf: Benke

Abbildung 1: Entwicklung, Erziehung und ‚sensible Phasen' (vgl. Benke, 2011b, S. 21)

Gemäß dem Verständnis für Selbstbestimmung gilt es einerseits, das Kind dabei zu unterstützen, diese zeitlichen Freiräume optimal für seine individuelle Entwicklung zu nützen. Andererseits wird damit auch deutlich, das Kind in seinen kindlichen Bedürfnissen zu erkennen und es dabei mit klaren Rahmenbedingungen und Grenzen, die mal enger und mal weiter sind, ‚liebevoll zu führen'.

Anstatt fremd bestimmt zu werden, erfährt das Kind über die selbst erfahrenen Konsequenzen die Möglichkeit, zu einer selbstbewussten und eigenverantwortlichen Persönlichkeit heranzureifen. Zu einer Persönlichkeit, die auf Selbstdisziplin bauen und auch die Verantwortung für die eigenen Handlungen übernehmen kann und gleichzeitig die eigenen – emotionalen und kognitiven – Bedürfnisse wie die Bedürfnisse anderer erkennt und achtet.

Wichtig dabei ist, das Kind in jeder Situation wie in jedem seiner Kompetenzbereiche von seinem individuellen Entwicklungsstand abzuholen. Denn würde man die Kinder von einem Entwicklungsniveau abholen, an dem sie noch nicht angelangt sind, so provozierte man über ein ‚Heraufholen' des Kindes, die Entstehung von ‚emotionalen Löchern' (Benke). Vergleichbar jenen Löchern, die dann entstehen, wenn im übertragenen Sinn ein Germteig zu schnell aufgeht oder etwa Löcher im Käse (in Gestalt von emotionalen Lücken) immer größer werden – bis sie schlussendlich ein inhomogenes, nicht im adäquat-angepassten ‚Reifetempo' gewachsenes Ich ausbilden. Einem gleichsam ‚zerfledderten Ich', dem somit die Basis für jene emotionalen, sozialen wie auch kognitiven Kompetenzen fehlt, die gerade angesichts einer nach Solidarität rufenden Weltgesellschaft überlebensnotwendig erscheinen.

Eine Entwicklung des Ichs, wie es schematisch das nachstehende ‚Germteig-Käse-Modell' (Abbildung 2) zeichnet.

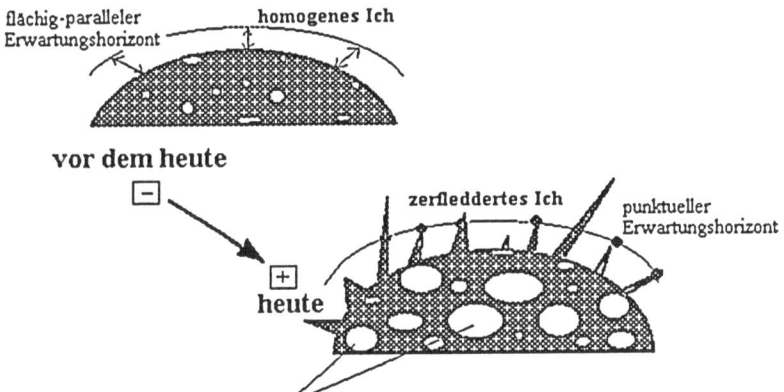

Abbildung 2: Das Germteig-Käse-Modell
(modifiziert nach Benke, 2005, S. 399)

Warten und erwarten

Das ‚Warten wie Erwarten können', das Zuwarten und Abwarten, um Raum und Zeit geben zu können, scheint in unserer beschleunigten Gesellschaft eine der zentralen Herausforderungen für Alt und Jung zu sein. Man ist gewohnt, dass alles sofort passiert. Zeit die dauert, ist unpopulär. Gut möglich, dass das Warten deswegen so unbeliebt ist, weil es nicht möglich ist, vor sich selbst davonzulaufen. Zudem gehört zum Warten Geduld und auch die ist alles andere als zeitgemäß. Denn vieles schon im Hier und Jetzt haben zu können, produziert ja genau jene sozial etablierte Ungeduld, die wiederum unsere Anspruchsgesellschaft (also: alles erfüllt zu bekommen) speist.

Man braucht auf nichts mehr zu warten – als Kind gleichermaßen wie als Erwachsener: Was das Konsumbedürfnis betrifft, so gibt es Erdbeeren und Orangen rund ums Jahr und hart gekochte, bunte Ostereier schon ab Herbst. Auch das Kommunikationsbedürfnis wird sofort gestillt, denn man braucht nicht mehr zu warten, bis man (von zu Hause aus) mailen oder telefonieren kann – man kann es einfach zu allen passenden (und unpassenden) Gelegenheiten tun. Man muss auch kein Buch oder keine Musik-CD mehr aufwendig real suchen, man findet beides unkompliziert virtuell im Online-Shop.

Advent ist somit immer – Weihnachten wird zum Alltagssymbol. Das Warten, das Erwarten-Können und die Vorfreude (mit ihrem immanenten Spannungsbogen) scheint als Gefühl auszusterben – und mit ihr etwas, was untrennbar mit der Kindheit verbunden ist: erwartungsfrohe, leuchtende Kinderaugen, die noch überrascht blicken können. Aber dazu brauchen sie uns Erwachsene, denn gar nicht so selten hört man aus einem Kindermund: „Meine Mama hat mich noch nie mit etwas überrascht."

Diese (somit auch oft unbewusst antrainierte) Unfähigkeit auf etwas warten zu können symbolisiert der ‚Weihnachtsmann-Nicht-Effekt' (Benke). Er verdeutlicht, dass man nicht mehr auf den Weihnachtsmann warten muss, um seinen Wunsch erfüllt zu bekommen: Denn Weihnachten ist an jedem Tag – jeden Tag kommt der Weihnachtsmann. Und damit wird jeder Tag und speziell die Wochen vor Weihnachten zur hektischen Konsum- und Einkaufzeit. Kein Zufall also, dass auch die Zeit im Advent (als das christliche Symbol des Wartens) immer weniger jene ‚ruhige und besinnliche Zeit' ist, die angesichts des Kerzenscheins zum Nachdenken wie auch Zu- und Erwarten einladen.

Eine Verdrängung anderer Art, aber auch im Kontext mit der kindlichen Erwartung, setzt aber ebenso unbewusst im Kinderalltag an: Wenn etwa einem Kind bereits vorab erzählt wird, was es in welcher Situation ‚er-wartet'. Bei kleinen Überraschungen lässt ein „schau da hinten kommt dann ..." einen Spannungsbogen erst gar nicht zu, sondern lenkt vielmehr das Kind fokussiert und fremdbestimmt aus der Erwachsenenperspektive auf etwas, das den Erwachsenen wichtig erscheint. Man nimmt dadurch dem Kind vor allem die Chance, selbstbestimmt zu entdecken und den Blick schweifen zu lassen, indem man ihm einfach sagt, was es zu sehen hat. Damit muss das Warten immer mehr ohne das Geheimnisvolle, ohne das Mystische, ohne Überraschungen auskommen, weshalb auch das Phänomen ‚Vor-Freude' vom Aussterben bedroht ist.

Warten an sich hat ja eigentlich im Wortsinn zwei Bedeutungen: das Auf-etwas-harren sowie das Auf-etwas-achten. Also auch zu-, ab- und erwarten zu können sowie sich nicht vorzudrängen und sich vielmehr zurückzunehmen. Es geht darum, über den Weg der bewussten Entschleunigung über frei werdende Zeiträume zu verfügen, die eine persönliche Rück-‚Sicht' und Rück-‚Schau' ermöglichen zum eigenen ‚Inne-Halten'. Von da weg wäre es auch nicht mehr weit zu einer empathischen, ‚inneren Haltung' des Kindes. Ist das Warten also als einer der Grundsteine für eine gefühlslastige, innere Haltung des Kindes, ein Symbol des Aushaltens und damit auch für Empathie?

Im Prozess des Erwartens geht es viel mehr um Vorfreude und Freude und nicht um den schnellen, oberflächlichen Spaß. Es geht aber auch um den Glauben an die kindliche Kraft des Wünschens. Um vielleicht aus Kinderaugen und aus Erwachsenensicht zu erkennen, dass es manchmal bereits reicht, einen Wunsch zu haben; und dessen Erfüllung nicht zwangsläufig ein Mehr an Glück verspricht.

Das zeitsouveräne Kind

Ein emotional kompetentes Kind, das in jeder Situation selbstbestimmt handeln kann und es auch versteht in sich zu ruhen, hat alle Zeit Tempo und Raum seiner Welt selbst zu bestimmen. Geben wir dem Kind seine eigene Bedürfniswelt und geben wir dem Kind nicht nur seinen individuellen Raum, sondern lassen ihm auch seine individuelle Zeit. Ermuntern wir es zur Langsamkeit und zur Entschleunigung seines Lebensrhythmus. Lassen wir Zeit ruhig einmal lange weilen – denn richtige Langeweile wird sich bei kreativen Kindern so schnell nicht einstellen. Geben wir ihnen die Chance, sich in ihren Zeiträumen auszuprobieren, denn:

„Viele Kinder probieren selbst nichts mehr aus, weil sie von ihren Eltern nicht dazu angehalten oder ermuntert werden. Dabei sehnen sich Kinder oft nach ganz einfachen Dingen, gemeinsamen Unternehmungen, nach Zeit mit ihren Eltern. Was ein Kind zum Glücklichsein braucht, sind Eltern, die es so annehmen, wie es ist. Materielle Dinge sind sekundär …
Ich glaube nicht, dass sich die Kinder von heute gegenüber jenen vor 50 Jahren wirklich verändert haben. Sie haben die gleichen Freuden und Ängste, Hoffnungen und Sehnsüchte. Was sich verändert hat, ist die Welt der Erwachsenen (und der Erwartungshaltung) – und mit ihr die Macht der Medien (und der Werbung), die mit

immer raffinierteren Methoden versuchen, die Kindheit zu verkürzen. Vorzeitig bricht eine Teenagerwelt über kleinen Menschen herein, die eigentlich doch noch Kinder sind, auch wenn sie sich stylen wie die Großen. Es ist wirklich nicht einfach, heutzutage ein Kind zu sein" (Hofmann-Wellenhof, 2012, S. 7).

Literatur

Benke, Karlheinz (2012). EQ statt IQ! Die Kraft emotionaler [Zwischen]Räume. In: Ich. Du. Wir. Emotionen und soziale Beziehungen in der elementaren Bildung (= Kiste 12. Kinderbildung und -betreuung in der Steiermark). Land Steiermark, Abteilung 6 – Bildung und Gesellschaft, ed.: Graz. Verfügbar unter: http://www.verwaltung.steiermark.at/cms/dokumente/11682860_74835169/0062ac9c/LR_FA6E_KISTE_12_v21.pdf

Benke, Karlheinz (2011a). Stille, Lärm und Musik: Denn die Ohren schlafen nicht. Akustische Räume. In: Benke, Karlheinz, Hg.: Kinder brauchen [Zwischen]Räume. Ein Kopf-, Fuß- und Handbuch. München: Meidenbauer, S. 199-220.

Benke, Karlheinz (2011b). Die vielen Kinderräume heute. In: Benke, Karlheinz, Hg.: Kinder brauchen [Zwischen]Räume. Ein Kopf-, Fuß- und Handbuch. München: Meidenbauer, S. 17-56.

Benke, Karlheinz (2007). Zeit als (Teil von) Fürsorge – eine simple Geschichte? Oder: über Montessori, Erikson & Co. In: kinderschutz aktiv (20. Jg., H. 73). Österreichischer Kinderschutzbund & Verein gewaltlose Erziehung, ed.: Wien. S. 9-13. Verfügbar unter: http://www.karlheinz-benke.at/modules/list/download.php?14,82,8

Benke, Karlheinz (2005). Geographie(n) der Kinder: Von Räumen und Grenzen (in) der Postmoderne. München: Meidenbauer.

Berghammer, Caroline (2011). Wie viel Zeit haben Mütter für ihre Kinder? Ein Vergleich der Zeitverwendung erwerbstätiger und nicht-erwerbstätiger Mütter. In: beziehungsweise (Dezember). Österreichisches Institut für Familienforschung, ed.: Wien. Verfügbar unter: http://homepage.univie.ac.at/christine.geserick/bzw_dezember_2011.pdf

Blum, Sonja (2012). Zeitpolitik für Familien. Eine Zusammenfassung der Hauptergebnisse des achten deutschen Familienberichts. In: beziehungsweise (V). Österreichisches Institut für Familienforschung, ed.: Wien. Verfügbar unter: http://www.univie.ac.at/oif/typo3/fileadmin/OEIF/beziehungsweise/2012/bzw_mai_2012.pdf

Bly, Robert (1998). Die kindliche Gesellschaft. Über die Weigerung erwachsen zu werden. München: Knaur.

Brisch, Karl Heinz (2012). SAFE® – Sichere Ausbildung für Eltern. Sichere Bindung zwischen Eltern und Kind. Stuttgart: Klett-Cotta.

Elschenbroich, Donata (2002). Weltwissen der Siebenjährigen. Wie Kinder die Welt entdecken können. München: Goldmann.

Montessori, Maria (1976). Schule des Kindes. Montessori-Erziehung in der Grundschule. Freiburg-Basel-Wien: Herder.

Hofmann-Wellenhof, Gottfried (2012). Es ist nicht leicht, ein Kind zu sein (Kolumne: Notizen eines Vaters, 15.1.). In: Kleine Zeitung, Graz.

Hüther, Gerald, Hauser, Uli (2012). Jedes Kind ist hoch begabt: Die angeborenen Talente unserer Kinder und was wir aus ihnen machen. München: Knaus.

Macho, Thomas (1998). Von Null auf Hundert. Schwierigkeiten mit dem Zeitmanagement. In: PflegePädagogik: Das europäische Magazin der Lehrerinnen und Lehrer für Gesundheits- und Sozialpädagogik (Nr. 6), Basel: Reinhardt, S. 6-11.

Seiwert, Lothar J. (2003). Wenn du es eilig hast, gehe langsam. Das neue Zeitmanagement in einer beschleunigten Welt. Sieben Schritte zur Zeitsouveränität und Effektivität. Frankfurt: Campus.

Zimpel, Andre Frank (2012). Lasst unsere Kinder spielen. Der Schlüssel zum Erfolg. Göttingen: Vandenhoeck & Ruprecht.

Anhang

Thesen: Hand(v)erlesenes zu den [Zwischen]Räumen
Verkürztes und Zitiertes (für Eilige und Bequeme)

Kommunikationsräume

Vor allem die jüngeren Kinder sind nahezu permanent Teil der Erwachsenenwelt. Ja, sie sind – da man sich ja nicht mehr zum Ort der Kommunikation, dem Telefon, wegbewegen muss – physisch und thematisch mittendrin. Diese scheinbare Teilnahme an der Erwachsenenwelt täuscht nicht nur ein ‚Miteinander' vor, das sie nicht einlösen kann, sondern löst zugleich eine ganz wesentliche Grenze betreffend Gesprächsinhalten auf: Nämlich was für Kinderohren bestimmt ist und was nicht.
Auf der anderen Seite leben wir Erwachsene Kindern gegenüber eine verstärkt ‚distanzierte Beziehung'.

Wie ich mit dem Kind spreche, hängt neben dem eigenen Menschenbild (autoritär, partnerschaftlich etc.) vor allem von der Situation an sich sowie der Befindlichkeit der Beteiligten ab, zwischen denen Kommunikation stattfindet. Und zwar auf verbaler wie non-verbaler Ebene.

Nur wenn es den Erwachsenen selbst aber gut geht – so die Erkenntnisse aus der Bindungsforschung – können sie in Stress-Situationen das notwendige Bauchgefühl entwickeln, das sie für einen kindgerechten, altersadäquaten und in idealer Weise reflektierten Gesprächskanal benötigen.

Beobachtet man die Kommunikation mit Kindern im Alltag heute auf einer Metaebene, so kann man durchaus zu dem Schluss kommen, dass zwar sehr viel kommuniziert wird, aber zumeist oberflächlich.

Im Alltag Vorbild zu sein, vollzieht sich nicht nur über den visuellen Kanal, sondern auch auf dem akustischen. Neben dem Sein und dem ‚was man sagt' geht es vor allem darum, ‚wie man es sagt'. Sich dabei zu *positionieren* heißt ganz klar: sagen, was man meint und meinen, was man sagt und dazu auch stehen können.

Wohl das Wichtigste in der Interaktion mit Kindern liegt also darin, über seine ‚erwachsene' Vorbildwirkung im Denken, in der Sprache und im Handeln kongruent zu bleiben.

Die ideale Kommunikation gibt also Halt, bleibt berechenbar und ist klar.

Sprache kann ein- oder ausschließen. Kommunikation als Steuerungsinstrument reguliert den Abstand seines eigenen kommunikativen Gartenzauns, weitet diesen aus oder schränkt ihn ein.

Alternativpädagogische Räume

Die Aufgabe des Erwachsenen besteht hierbei darin, dem Kind eine Umwelt zu ermöglichen, in der es so weit wie möglich seine Bedürfnisse befriedigen kann, dabei jedoch die Grenzen so klar wie möglich erlebt, damit wir nicht ständig eingreifen müssen.

Das Kind ist ein Forscher, es will von sich aus lernen, nichts als lernen und die Welt begreifen.

Kinder brauchen keine künstlichen Welten, Kinder wollen an unserer Welt teilhaben und wollen ‚dabei' sein.

Unmittelbares Erleben und eigene Erfahrungen mit allen Sinnen anstelle von ‚Projektionen aus zweiter Hand' geben dem Kind Selbstwertgefühl und insbesondere emotionale Stabilität.

Gute Eltern oder Pädagogen müssen sich nicht anstrengen, sie müssen nicht perfekt sein, sie müssen einfach nur wahrhaftig und präsent sein und dazu bereit sein, von den Kindern tagtäglich zu lernen und versuchen, die Welt aus den Augen des Kindes zu sehen.

Nur wenn das Kind diese Zeit und Aufmerksamkeit von uns ausreichend zur Verfügung gestellt bekommt, kann es Eigenverantwortung, Selbstbewusstsein und Vertrauen in sich selbst und seine Umwelt aufbauen.

Wir müssen dafür sorgen, dass das Kind klare Strukturen und Rituale zur Verfügung hat und wir müssen dem Kind die Wurzeln in Form stabiler Beziehungen bieten.

Kinder brauchen Erwachsene, die sie mit ihren Ängsten, Nöten und Bedürfnissen wahr- und ernst nehmen. Und Kinder brauchen Erwachsene, die sich Zeit nehmen aber auch Zeit geben, damit sie zu selbstbewussten, eigenständigen und verantwortungsbewussten Erwachsenen reifen können.

Sinnesräume ~~Wahrnehmungsräume~~

Über die Sinne erschließen wir nicht bloß die Räume selbst, sondern vor allem deren individuelle Bedeutung für uns: Wir lernen, was uns schmeckt oder was wir ‚riechen' respektive goutieren können. Ändert sich allerdings unsere sinnliche Wahrnehmung, dann ändert sich somit auch unsere Beziehung zum jeweiligen (konstruierten) Raum – und das tut sie mehrmals in unserem Leben.

[...] der menschliche Geschmack ist nicht nur vererbt, sondern zu einem großen Teil über ein Vergleichslernen antrainiert.

Was Mama schmeckt, wird auch dem Un- oder Neugeborenen schmecken.

Was oft gegessen wird, wird auch gerne gegessen. [...] Guter Geschmack ist stets ein bekannter Geschmack! [...] Geschmack ist also vor allem auch eine Sache der Übung.

Geschmack ist mehr, Geschmack = Schmecken + Riechen.

Düfte rufen jene Bilder im Kopf ab, die dort seit frühester Kindheit – zusammen mit Emotionen und Erwartungshaltungen – abgespeichert sind. Und werden diese im Raum hängenden Düfte etwa beim Kochen oder Backen wieder abgerufen, so wird in dieser Situation die gesamte Bedeutungswelt von ‚damals' aktualisiert und das Bild quasi wachgerufen.

Nicht zu unterschätzen bei der Entwicklung des Geschmackssinns ist somit die emotionale Besetzung von Geschmäckern: Denn verbindet ein Kind einen Geschmack mit einem angenehmen Gefühl, so wird es diesen Geschmack auch eher mögen. […].

Doch je mehr unsere Kinder (und auch wir) unter Druck stehen, umso eher bietet es sich an, uns der wesentlichen Dinge im Leben zu besinnen, die dem Kind und uns selbst ein Gefühl von Entspannung verleihen können. Und dazu gehören nun einmal ebenso Pausen wie auch Zeit zum gesunden Essen. Damit die Esskultur der Kinder von morgen sich nicht in permanenten Zwischenmahlzeiten erschöpft oder Hunger mit Langeweile gleichgesetzt wird oder Essen gar als Ersatzbefriedigung herhalten muss.

Gesundes Essen ist für viele beinahe zu einer Ersatzreligion im Erziehungsalltag der Kinder geworden.

Beziehungsräume

Sollte es nicht vielmehr heißen: *Im* Leben, *im* Kindergarten, *in der* Schule etc. lernen wir.
Beginnt Lernen *in* bzw. *mit* Räumen oder schafft Lernen überhaupt erst entsprechende Räume?

Der primäre Gestaltungsraum, in dem Lernen erfolgt, ist die Beziehung.

Lernen geschieht stets in Beziehung, zu anderen *Menschen*, zu *sich selbst*, ebenso in Beziehung *zu Gegenständen* sowie in Beziehung *zu den Erfahrungen*, die daraus erwachsen.

Wer Kinder nachhaltig motivieren will, muss ihnen Möglichkeiten bieten, mit anderen Menschen Beziehungen und Kooperationen zu gestalten.

Mit der Begeisterungsfähigkeit der Kinder zu arbeiten, diese als fixen Bestandteil des Lernens zu betrachten, liefert Eltern und Lehrenden wertvolles Material für ihr pädagogisches Handeln. All das, was mit Begeisterung gemacht wird, wird in logischer Konsequenz auch schnell besser. Wenn es also gelingt, einerseits die dem Kind selbstverständlich gegebene Begeisterung in allen Lebens- und Lernräumen zu erhalten und mit neuen Impulsen zu erweitern, kann Lernen erfolgreich geschehen.

Lassen sich sämtliche genannten Aspekte, nämlich Beziehung, Liebe, Begeisterung in der Differenziertheit des Lebens miteinander verbinden, so sind die positivsten Voraussetzungen für ein erfüllendes und erfülltes sowie selbstbestimmtes Leben und Lernen gegeben.

Schulische Freiräume

Schüler nehmen und nahmen sich immer schon ‚ihre' Räume und besetzen diese. Je weniger Möglichkeiten es gibt sich mit Räumen und Nischen zu identifizieren, desto mehr Probleme mit Lehrern/der Schulverwaltung/Schulwarten usw. wird es geben!
Daher ist es notwendig – auch bei bestehenden Strukturen den Schülern unbedingt Freiräume zu gewähren! Ansonsten wird sich eine Eigendynamik entwickeln (Schmierereien, Vandalismus, Streitereien unter Peergroups um eventuell noch vorhandene und erlaubte Aufenthaltsnischen), die nicht mehr kontrollierbar ist und nur über dem Schulklima nicht dienliche Sanktionen handhabbar wird.

Im funktionalen Gebäude, das ein Schulgebäude als institutionalisierter Raum ja darstellt, müssen Räume (permanent oder auch nur stundenweise) immer wieder auch andere als ihre ursprünglich zugewiesene Bestimmungen übernehmen, um Strukturen zu geben und die Gesamtfunktion überhaupt erst zu ermöglichen!

Schule gehört weder Schulern oder Eltern, noch Lehrern oder – wie auch schon vorgekommen – dem Schulpersonal in Form von Schulwarten, sondern wird immer über die jeweilige Aufgabe und Funktion definiert und diese ist andererseits auch am Umgang mit dem schulischen Raum ersichtlich (oder auch nicht, wenn Aufgabe und Funktion diffus bleibt). Wenn Übereinstimmungen zwischen Funktion und Bedürfnissen erzielt werden können, entstehen Identifikationsprozesse als Alternativen zu ‚Besitzansprüchen'!

Jede Grenze schließt ein- und/oder aus, das ist das Wesen jeder Grenze. [...] Wo es Grenzen gibt und das ist fast überall so, da müssen auch Freiräume mitbedacht und eingeräumt werden, ansonsten geht man immer an Bedürfnissen von Partnern, Schutzbefohlenen oder autonomen Subjekten vorbei!

Therapeutische Räume

In der modernen Gesellschaft wird jungen Menschen in der Regel nur wenig Platz zur Verfügung gestellt. Meist sind es Konsumräume, für nichtkommerzielle Freizeitgestaltung wird kaum Rückzugsmöglichkeit angeboten. Oft sind die Parks, Einkaufszentren oder Bahnhöfe die letzten Zufluchtsmöglichkeiten, die aber leicht den Charakter eines Ghettos annehmen können. Diese Räume – die Marc Augé sogar als ‚Nicht-Orte' versteht – bieten aber keine Rückzugsmöglichkeit, sondern müssen vielmehr beständig verteidigt werden.

Die verbreitete Berichterstattung über eine vermeintliche Negativentwicklung der Jugend ist vor allem insofern aufschlussreich, als sie preisgibt, was Erwachsene über Jugendliche denken. Dabei fällt auf, dass Jugendliche zunehmend als Problem wahrgenommen werden. Wenn sich die Politik etwas zur Jugendpolitik überlegt, dann geschieht das immer häufiger unter dem Aspekt der Sicherheit und der Verwahrung.

Es geht aber in der Therapie nicht darum, Jugendliche wieder zu ‚funktionalen' Mitgliedern der Gesellschaft zu machen und sie an die Verhältnisse anzupassen, sondern ihre Resignation zu überwinden und ihre Eigenmächtigkeit und ihr Selbstbewusstsein zu stärken.

So gesehen sind die Jugendlichen nicht das Problem, sondern die Lösung; denn wie sie die Zukunft gestalten, so wird sie nach uns aussehen.

Stadträume

Kindheit im urbanen Raum findet größtenteils auf dem Spielplatz, in der Kindertageseinrichtung, im Kindermuseum, im Kinderzimmer statt, eben in gestalteten oder betreuten oder gewidmeten Räumen.

Bei gestalteten Räumen sind die Grenzen schnell erreicht. Fixe Zeitvorgaben, vorgegebene Spielarrangements, z. B. klar strukturierte Stationen der Wissensvermittlung scheinen den *Aneignungsspielraum* zu begrenzen.

Das Kindheitsbild, das Menschen, die im Bereich Stadtplanung, Architektur, Sozialpädagogik, Freizeitpädagogik und Kulturvermittlung tätig sind haben, ist entscheidend für die Ausrichtung der Angebote und der Kinderräume.

Der soziale und ökonomische Wandel der Gesellschaft stellt Kinder und Familien vor hohe Anforderungen. Um ihr Leben verantwortlich meistern zu können, brauchen Kinder und Familien Fähigkeiten, die mit ‚Lebenskunst' zu tun haben. Sie brauchen Schlüsselkompetenzen wie z.B. Selbstbewusstsein für die eigenen Stärken, Kraft und Mut, Dinge kritisch zu betrachten und Lust, Verantwortung für sich und andere zu übernehmen.

In diesem Sinne kann Kultur als wesentlicher (Bildungs-)Beitrag zur Stärkung von Schlüsselkompetenzen bei Kindern dienen. Kreativität, Selbstbewusstsein, soziales Interesse und Verantwortung werden im aktiven Umgang mit Kunst gefördert. Theater, Tanz, Musik, Literatur, Medien, bildende Kunst und auch Spiel-, Bewegungs- und Beziehungsangebote unterstützen Kinder, sich in der Welt zurechtzufinden und die Möglichkeit zu erhalten, an der Gestaltung selbstbestimmt mitzuwirken. Für eine lebensweltorientierte, ganzheitliche, kulturelle Bildung muss der Erwerb von Schlüsselqualifikationen, für den das außerschulische Bildungsangebot (Kinderkultur- und Familienfreizeitangebote) in besonderer Weise steht, ermöglicht werden.

Hauptsächlich von kommerziellen Interessen getragene Angebote haben oft eine starke Ausrichtung in Richtung einer Förderung von konsumativem Freizeitverhalten und widersprechen in diesem Sinn einer selbsttätigen Aneignung als konstruktiver Entwicklungsaufgabe von Kindern.

Öffentliche Räume

In der offenen Jugendarbeit wird auf unterschiedliche Art und Weise versucht, Jugendliche dabei zu unterstützen, sich verschiedene Räume anzueignen: *Gesprächsräume, Lern- und Erfahrungsräume, Beziehungsräume* und vieles mehr.

Gerade in der aufsuchenden Arbeit mit Jugendlichen werden öffentliche Räume zu *Beziehungsräumen*.

Lernort ist somit auch der Freizeitbereich, wo neue Erkenntnisse wachsen können, Wissen angeeignet sowie Erfahrungen in Konflikt- und Konkurrenzsituationen gesammelt werden, sodass schließlich eine eigene Meinungsbildung erfolgen kann.

Dennoch, der öffentliche Raum ist ein Raum für jedermann. Es besteht nicht die Möglichkeit wie in privaten Räumen mit Ge- und Verboten zu agieren. Vielmehr muss auf niederschwellige Art und Weise versucht werden, für alle unterschiedlichen Nutzergruppen einen *Wohlfühlraum* zu schaffen, denn wo viele unterschiedliche Menschen aufeinander treffen, entstehen immer auch *Konflikträume*.

Für viele Jugendliche oder jugendliche Cliquen ist in Städten wie Wien gerade der Park ein wichtiger Beitrag zur Identitätsbildung. ‚Mein Park' ist somit ein oft gehörter Satz in der Jugendarbeit

Öffentliche Räume, insbesondere Parks ermöglichen die Zusammenkunft sowie den kulturellen und sozialen Austausch in einem geschützten Rahmen, der durch Gruppenbildung und Szenezugehörigkeiten oft initiiert wird.

VerSchonräume

Wir scheinen uns damit angefreundet zu haben, dass wir heute in einer ‚Gesellschaft der Sicherheitsmaximierung' (Ahne) leben, in der das Wort Risiko einen negativen Beigeschmack hat – vor allem, wenn es um Kinder geht.

Wenn auch uns Erwachsenen vielleicht einmal beim Zusehen der Atem stockt oder sich der Magen krümmt: Kinder brauchen diese Wagnisse, sie müssen sich blaue Flecken holen, wollen sie sich psychisch und körperlich gesund entwickeln.
Was also wie ein Widerspruch klingt, nämlich Gesundheit und blaue Flecken, fordert nicht nur die Kinder heraus, sondern vor allem uns Erwachsene: Wir werden (als Eltern hingegen) wieder lernen müssen, Risiko auch als etwas Positives zu sehen

Was Kindern aber manchmal fast den Atem nimmt, ist nicht nur diese spezielle Form von ‚fürsorgender Beglückung', sondern auch eine Art irrationaler Fürsorge der Eltern. Beide verleiten, weniger auf das Bauchgefühl als vielmehr auf die Kopfstimme zu hören – also: Weg vom EQ und hin zum IQ.

Übertriebene Vorsicht bei der Erziehung schränkt die Entwicklung eines Kindes ein. Aber auch wer nie kleinere *Frustrationserlebnisse* hat, dem wird die Chance genommen zu lernen, mit einer Situation umzugehen, in der einmal nicht alles nach Wunsch läuft.

Angst ist ein urmenschliches Gefühl, das lebensrettend sein kann. Sie mahnt uns zur Vorsicht und Aufmerksamkeit. Sie ist nicht nur wichtig, sondern eine überlebenswichtiges Korrektiv in der kindlichen Entwicklung.

Scheidung tut weh, aber das Leben der Kinder muss deshalb noch keinen Schaden nehmen.

Kinder trauern anders als Erwachsene. Von einem Moment auf den anderen können Trauer und Fröhlichkeit aufeinander folgen. Kinder drücken ihre Trauer je nach Alter weniger durch Sprache, eher über Spiel, Bilder, Körpersprache und Verhalten aus.

Aufgabe der Kinder ist es, ihren Weg zu gehen, so wie es unsere Aufgabe ist, ihnen die Räume für ihre Wege zu eröffnen. Und dazu gehören weder schaumgepolsterte Kinderzimmer noch keimfreie Spielplätze. Auch keine Gärten mit kurz gemähten Stoppelrasen, damit sich nur ja weder Flora noch Fauna einnisten kann. Dazu gehören Matsch und Gatsch, Klettern und auch mal ein ‚Herunterfallen' etc.

Glücksräume

Wir leben in einer Gesellschaft, die es vielen von uns nicht leicht macht, sich glücklich zu fühlen bzw. ihr individuelles Glück zu finden.

Interessieren wir uns für das Glück des Kindes, oder sehen wir im Glück des Kindes in erster Linie den Erfolg, den es einmal in seinem Leben haben soll (um etwa seine Konsumlust zufriedenstellen zu können)?

Wenn Glück also erlernt werden kann, so ist es für alle am Entwicklungsprozess Beteiligten wichtig, zu wissen wie bzw. mit welchen Mitteln man einem Kind nicht bloß helfen kann, seine *Glücksräume* zu konstruieren, sondern umgekehrt auch seine *Unglücksräume* zu dekonstruieren – um sie letztendlich wieder zu *Glücksräumen* umgestalten zu können.

Ein Geheimnis liegt offenbar darin, die Latte der Erwartung nicht allzu zu hoch zu legen.

Für das Glückserleben des Kindes ist also eine tragende Säule, die eigenen Handlungen über das persönliche Erleben positiv erfahrbar zu machen.

Glück ist in jedem Fall etwas vordergründig Immaterielles!

Glück zu finden fällt nicht leicht – und noch um einiges schwerer ist es, es zu bewahren. Glück muss erarbeitet werden, und das erfordert die

Bereitschaft und die Fähigkeit des Kindes, sich auf Unscheinbares und Details einzulassen und sich auch an ihnen zu erfreuen.

Ebenso wichtig wie die Beachtung und Förderung der Bedürfnisse des Kindes ist es angesichts unserer Hochleistungsgesellschaft vor allem die Hindernisse, die sich einem gesunden Glücksempfinden in den Weg stellen, zu erkennen. Der Wunsch (der Erwachsenen?), das eigene Kind müsse besser als die anderen sein, damit es ‚es später einmal leichter hat', fördert eine emotionale Einstellung, die eine Gratwanderung zwischen eigenen Glücksmomenten und der Missgunst anderen gegenüber darstellt. Hier Raum zu schaffen für ein gesundes Maß an Ehrgeiz, das auch gepaart ist mit dem Gefühl von Solidarität, ist die Aufgabe von Erwachsenen

Ganz offenbar liegt das Geheimnis des Glücks vor allem darin, dass es nichts kosten muss, um es sein Leben lang als emotionalen Schatz in Erinnerung zu behalten [...].

Zeiträume

Raum zeichnet das Geschehen auf, indem sich die Handlungen der Personen in ihm einschreiben. Die Zeit hält es fest. Gehen wir davon aus, dass [Zwischen]Räume von jedem Handelnden selbst geschaffen werden, so gilt selbiges auch für die individuell genutzte Zeit. [...]
Und: Zeit existiert als *Zeitpunkt* oder als *Zeitraum*.

Es muss den Eltern gut gehen, damit sie auf Signale des Kindes hören und auf dessen emotional-individuelle Bedürfnisse (Zeit, Raum etc.) auch adäquat reagieren können.

Es ist angesichts dieser zusammenhanglosen und hektischen Art der Lebensweltaneignung für das Kind vor allem wichtig, zwischendurch immer wieder die Möglichkeit und die Erlaubnis zu haben, unproduktiv sein zu können und etwas tun zu dürfen, was auf den ersten Blick vielleicht sinn- bzw. zweckfrei scheint (und angesichts unseres Leistungs- und Anspruchsdenkens beinahe verpönt ist). Das Kind braucht diese Zeit nicht bloß, um für sich Energie zu tanken, sondern um zu reflektieren und die Flut von Bildern und Erfahrungen in sein eigenes Lebensweltbild zu integrieren und zu einem Gesamtkonstrukt im Gehirn zu vernetzen. Es braucht sie zum Inne- und Rückschau halten darauf, wie etwas war und wie dieses Etwas vielleicht weiter sein wird. Fehlt dem Kind diese Zeit, so hat es keine Gelegenheit sich in die Situation und Gedankenwelt anderer hineinzuversetzen. Die solcher Art fehlende Möglichkeit zur Innenschau („Was macht das mit mir, wenn ich das mache? Was mit ihm oder ihr?") lässt in weiterer Folge auch Empathie vermissen und verleitet ganz allgemein eher zu fehlender Rücksichtnahme dem ‚Anderen' gegenüber. Ganz nach dem Wortsinn von ‚keine Rück-Sicht nehmen', nicht zurück zu ‚schauen' auf sein Tun, nichts überdenken, sondern einfach nur (zielgerichtet) nach vorne zu blicken. Und damit das einzulösen, was die beschleunigten Lebensrhythmen unserer Leistungsgesellschaft einfordern: ein ‚Schneller-Höher-Weiter', bei dem am Ende jedoch in jedem Fall unbedingt etwas heraus schauen muss.

Das Warten, das Erwarten-Können und die Vorfreude (mit ihrem immanenten Spannungsbogen) scheint als Gefühl auszusterben – und mit ihr etwas, was untrennbar mit der Kindheit verbunden ist: erwartungsfrohe, leuchtende Kinderaugen, die noch überrascht blicken können.

Diese Unfähigkeit auf etwas warten zu können symbolisiert der ‚Weihnachtsmann-Nicht-Effekt' (Benke).

Nachworte

Für die Umsetzung dieser abschließenden Thesen sind einmal mehr Sie als Erwachsene ganz individuell verantwortlich. Anregungen dazu sollten Ihnen die einzelnen Beiträge vermitteln haben.

Autorinnen und Autoren

Benke Karlheinz, Mag. Dr. MAS, (Reform)Pädagoge und Sozialzentrumsleiter, Berater online und offline (Supervision, Coaching, Organisationsentwicklung, Wirtschaftsmediation), Erziehungshelfer, Lehrgangstrainer (Kinderbetreuung), Lehrbeauftragter an den Fachhochschulen Wien und Dornbirn sowie an der Universität Klagenfurt (Schwerpunkt: Soziale Arbeit und Virtuelle Räume), Referent an der KinderuniWien. Virtuell unter karlheinz-benke.at

Benke Birgit, diplomierte Sozial- und Berufspädagogin, Lebens- und Sozialbegleiterin, Lehrgangstrainerin in der Erwachsenenbildung (Kinder bzw. Pflege und Betreuung)

Chawki Maamoun, Psychotherapeut und Sozialpädagoge. Pionier-Gründer eines bilingualen Kindergartens, Geschäftsführer von Multikulturelles Netzwerk – Tangram. Virtuell unter mk-n.org

Engl Waltraud, Mag.[a], Studium Pädagogik, Sonder- und Heilpädagogik, langjährige Mitarbeiterin bei Integration Wien, Leiterin Elternnetzwerk Wien (Integration Wien), Referentin im Kontext von Menschen mit Behinderung und deren Angehörigen. Beraterin, Supervisorin, Coach. Virtuell unter www.integrationwien.at

Jara, Milosz, Jugendarbeiter und freischaffender Musiker mit langjähriger Streetworkerfahrung in der aufsuchenden Jugendarbeit (Schwerpunkt: Musik und Neue Medien). Workshops und Projekte zu Musik und Neuen Medien

Krones Sabine, DSA, Mag.[a] (FH), Sozialarbeiterin, Leiterin der wienXtra-kinderinfo, wienXtra-ferienspiel und wienXtra-kinderaktiv-Programm, Expertin für Fragen zur Kinderfreizeit bei W24 (Wiener Stadtfernsehen). Virtuell unter wienxtra.at

Mair Sabine, MAS, diplomierte Kindergarten- Montessori- und Sonderkindergartenpädagogin, Frühförderin, pädagogische Leiterin des Montessori-Musik-Kindergartens happykids, Referentin für pädagogische Fachkräfte, Supervisorin, Coach und Organisationsberaterin (Teamentwicklung und -schulungen). Virtuell unter kindergarten-happykids.at

Scharf, Verena, DSA, Sozialarbeiterin, seit vielen Jahren Streetworkerin in der offenen Jugendarbeit (Schwerpunkt: Genderarbeit), Masterstudium der Geschlechterforschung an der Universität Wien

Schwarz Harald, Mag. MA, Philosophie-, Pädagogik-, Psychologie-, Bewegung und Sport-Lehramtsstudium, Lehrbeauftragter der Pädagogischen Hochschule Wien, in der Lehreraus- und Weiterbildung tätig, arbeitet in der Evaluations- und Schulentwicklungsforschung, Lehrer an einer Allgemeinbildenden Höheren Schule, Mitautor von ‚Wertvolle Spiele: Wertvolle Spiele für Kinder (I): So fördern Sie spielerisch die Fähigkeiten Ihrer Kinder'

www.ingramcontent.com/pod-product-compliance
Ingram Content Group UK Ltd.
Pitfield, Milton Keynes, MK11 3LW, UK
UKHW041937210426
5322IPUK00016B/221